Désengagement paysan et sous-production alimentaire

Martinique
Marie-Galante Barbade

Romain Paquette

LES PRESSES DE L'UNIVERSITÉ DE MONTRÉAL
LES ÉDITIONS DE L'UNIVERSITÉ DE SHERBROOKE

DÉSENGAGEMENT PAYSAN
ET
SOUS-PRODUCTION ALIMENTAIRE

DANS LA MÊME COLLECTION

L'Archipel inachevé. Culture et société aux Antilles françaises, publié sous la direction de Jean Benoist, 1972.

Histoire de l'Isle de Grenade en Amérique, 1646-1659. Manuscrit anonyme présenté et annoté par Jacques Petitjean Roget, 1975.

Un village du bout du monde. Modernisation et structures villageoises aux Antilles françaises, par Joseph Josy Levy, 1976.

Idéologie de couleur et classes sociales en Haïti, par Micheline Labelle, 1978.

Idéologie et ethnicité. Les Chinois Macao à Cuba, Denise Helly, 1979.

Le Nègre dans le roman blanc. Lecture sémiotique et idéologique de romans français et canadiens, 1945-1977, par Sébastien Joachim, 1980.

DÉSENGAGEMENT PAYSAN
ET
SOUS-PRODUCTION ALIMENTAIRE

MARTINIQUE

MARIE-GALANTE BARBADE

ROMAIN PAQUETTE

1982
LES PRESSES DE L'UNIVERSITÉ DE MONTRÉAL
C.P. 6128, succ. « A », Montréal (Québec), Canada H3C 3J7

LES ÉDITIONS DE L'UNIVERSITÉ DE SHERBROOKE
Sherbrooke (Québec), Canada J1K 2R1

Cet ouvrage a été publié grâce à une subvention de la Fédération canadienne des sciences sociales, dont les fonds proviennent du Conseil de recherches en sciences humaines du Canada.

Couverture : Les plantes vivrières pratiquées en polyculture (gauche) dans les campagnes se voient remplacées par des maraîchères en monoculture (droite) aux abord de la ville. (Photographies de l'auteur)

ISBN 2-7606-0567-1
DÉPÔT LÉGAL, 4e TRIMESTRE 1982
BIBLIOTHÈQUE NATIONALE DU QUÉBEC

À ma femme Caroline Gwyn
Paquette pour son appui
indéfectible dans cette entreprise,
et surtout pour l'affection qu'elle
a vouée aux Martiniquais
parmi lesquels nous avons vécu.

Remerciements

La recherche sur laquelle se fonde cet ouvrage a pu être réalisée principalement grâce à une bourse d'associé de recherche qu'a généreusement accordée à l'auteur le Conseil de recherche pour le développement international, organisme canadien consacré à la recherche dans le tiers monde, au cours de son année sabbatique en 1976-1977. Auparavant, une subvention de recherche obtenue de FCAC (Formation de chercheurs et d'action concertée), organisme du ministère de l'Éducation du gouvernement du Québec, conjointement par l'auteur et le professeur Jean Benoist de l'Université de Montréal, avait permis le démarrage de la recherche. Deux jeunes Martiniquais méritent des remerciements très spéciaux pour avoir assumé la responsabilité des enquêtes sur le terrain; il s'agit de François Mélicure de la commune de Sainte-Marie et de Rodrigue Calixte du bourg du Gros-Morne. Parmi les étudiants québécois qui ont participé directement à la recherche, les noms suivants doivent être mentionnés: Carole Jutras, Daniel Laberge, Danièle Simard, Jocelyn Bergeron et Maurice Gauthier. Je dois aussi une reconnaissance particulière au responsable de la station du Centre de recherches caraïbes de cette période, M. Serge Larose, ainsi qu'au directeur du Centre lui-même, le professeur Jean Benoist.

Parmi la multitude de Martiniquais qui nous ont généreusement accordé leur collaboration, je tiens spécialement à exprimer ma reconnaissance à la famille Glombard du quartier Épineux dans la commune de Sainte-Marie pour l'atmosphère chaleureuse dans laquelle elle nous a permis de vivre durant la période de recherche sur le terrain.

Introduction

Deux stratégies majeures pour la solution du problème de l'approvisionnement alimentaire mondial s'affrontent à l'heure actuelle. Celle qui prédomine repose essentiellement sur la diffusion du modèle alimentaire américain dans tous les pays, aussi bien sous-développés que développés. Jusqu'au « pillage » de 1972[1], ce modèle se diffusait imperceptiblement et sans bruit, presque à l'insu des pays touchés. L'étendue de sa pénétration a fini par éclater au grand jour, à la suite de l'épuisement des excédents céréaliers dans les pays producteurs, surtout les États-Unis. Mais, il était déjà trop tard : les pays du tiers monde s'étaient déjà installés dans la dépendance alimentaire. On ne pouvait désormais que dénoncer le « mythe de la pénurie alimentaire[2] », et s'insurger devant la façon dont on faisait « mourir l'autre moitié de l'humanité[3] ». Le mérite de Dan Morgan aura été de faire surgir de l'ombre les véritables artisans de cette opération d'envergure internationale dans *les Géants du grain* et les procédés employés pour amener cette transformation gigantesque des habitudes alimentaires.

Pourtant, cette vaste machination d'asservissement alimentaire à l'échelle mondiale, qui se voulait la solution la plus sophistiquée au problème de l'approvisionnement alimentaire du globe, a fait boomerang. Jamais plus qu'actuellement n'ont pesé aussi lourdement sur l'humanité les menaces de sous-alimentation, de malnutrition, de faim et de famine. L'argument de la facilité devant cette menace a longtemps consisté à pointer du doigt la démographie galopante du tiers monde comme étant la seule responsable du mal ; les « géants » pouvaient poursuivre leur œuvre d'asservissement exonérés de tout blâme. Leur infiltration était d'autant plus facile que les artisans de la seule stratégie alternative vivaient dans le désarroi, dans une situation d'infériorité de jour en jour plus accentuée. Leur mode de production était jugé arriéré et inefficace, leur mode de vie renfermé et inutilement contraignant, leur régime alimentaire déficient et monotone. L'impasse où la stratégie dite « moderne » menait l'humanité a obligé enfin les chercheurs à revoir la stratégie des paysans avec un regard nouveau[4]. Et ce qu'ils ont commencé à discerner permet d'entretenir de nouveaux espoirs.

Pourtant, même si seule la multitude des millions de petits exploitants agricoles du tiers monde dispose des moyens, tant sur les plans écologique (connaissance de l'environnement) que psychologique (engagement dans la production alimentaire), de résoudre le problème de l'approvisionnement alimentaire mondial[5], ils ne peuvent y parvenir sans passer par une certaine forme de modernisation de leurs opérations. Jusqu'à maintenant, les gouvernements du tiers monde n'ont trop souvent admis que sous forme de vœux pieux, du bout des lèvres seulement, l'apport indispensable des paysans. Les dispositions mentales des élites au pouvoir les amenaient à privilégier le premier modèle et, de la hauteur de leur confort urbain, à rabaisser le potentiel qu'offraient les masses rurales. Les rares tentatives de modernisation du mode de production paysan ressemblaient davantage à des entreprises de démolition que de rénovation. Devant cette offensive, le paysan du tiers monde s'est nécessairement vu acculé à une stratégie de défense, que j'appelle dans le présent ouvrage une stratégie de désengagement. Il a cessé de donner son plein rendement; il s'est mis sciemment à sous-produire. Il faudra aux gouvernements du tiers monde beaucoup d'imagination pour mobiliser à nouveau cette énergie refoulée.

Le présent travail se fonde sur le postulat que le développement du tiers monde ne peut vraiment se faire sans la contribution volontaire des petits exploitants agricoles. À travers la Caraïbe plus particulièrement, la mise en place d'un paysannat stable et prospère a constitué l'essentiel des recommandations sans cesse répétées de la part des chercheurs en sciences humaines[6]. Sous le couvert d'une politique de diversification des cultures, on proclamait sans arrêt le besoin de ce paysannat.

Le choix de la Martinique comme lieu d'observation et point de départ de l'analyse présentée dans le présent ouvrage relève de deux raisons principales. Tout d'abord une simple raison de commodité : le Centre de recherches caraïbes de l'Université de Montréal, auquel est rattaché l'auteur à titre de membre du bureau d'administration, y dispose d'une station de recherche dotée d'une bibliothèque particulièrement bien pourvue en ouvrages consacrés à la Caraïbe. Mais, surtout le fait que les énormes moyens financiers consentis pour la modernisation du pays contrastent de façon particulièrement grossière avec l'état de pourrissement dans lequel la production alimentaire domestique se voit réduite. Ce contraste permet sans doute plus facilement qu'ailleurs de mesurer l'étendue du désengagement paysan en réponse à l'environnement d'insouciance sinon d'hostilité qui l'entoure, et par le fait même de la sous-production alimentaire du pays. Les Antilles françaises se présentent actuellement comme bénéficiaires de politiques de modernisation dites « globales » par le pays auquel elles se rattachent politiquement, mais que l'auteur, à la suite de l'analyse présentée ici, estime nettement défavorables au développement global de leurs territoires.

On a pu démontrer auparavant que la grande propriété en Martinique recule lentement au profit du secteur de la petite propriété[7]. Mais, le pouvoir réel n'en continue pas moins de résider dans les mains de la grande. Dans l'utilisation du sol, la production destinée à l'exportation étouffe de son poids celle qui est davantage axée sur la consommation locale. Sans doute à l'intérieur d'un même territoire national l'échange des biens entre les régions composantes s'avère-t-il essentiel pour maintenir la cohésion nationale ! Mais, si cet échange devait s'effectuer dans un déséquilibre entre les régions qui irait en s'aggravant, la correction de ce déséquilibre s'imposerait d'autant, au nom même de cette cohésion nationale, que les régions possèdent les moyens d'opérer cette correction. Or, l'importation de denrées alimentaires qui peuvent être produites sur place contribue considérablement au déséquilibre de l'échange commercial entre le département de la Martinique et la Métropole. La correction requise est d'autant plus facile à effectuer que beaucoup de ces denrées sont susceptibles théoriquement d'être produites localement; l'importation ressort même comme une aberration quand un pourcentage élevé de la main-d'œuvre reste sans emploi.

Dans un contexte où il devient de jour en jour plus impérieux d'encourager la production agricole locale, la nécessité d'études sérieuses pour impartir une orientation sûre à cette production s'impose avec vigueur. Or, la présente étude se place résolument dans une perspective nettement favorable aux petits exploitants. Tout en dégageant les raisons de leur comportement, elle cherche à en comprendre la logique interne; sans cette compréhension, le planificateur ou l'animateur rural intéressé à promouvoir la production agricole locale s'expose à échouer dans ses tentatives.

C'est surtout le caractère de marginalité, collé à l'agriculture pratiquée sur les hautes terres, que l'auteur veut remettre en question. Aussi longtemps que les exploitants engagés dans l'agriculture sur ces terres se percevront comme des marginaux et qu'ils sentiront que la partie influente de la société martiniquaise les considère comme pratiquement irrécupérables, il sera superflu d'attendre d'eux un effort de production alimentaire plus considérable. Les échecs des tentatives antérieures s'expliquent largement par le fait que presque rien n'a été fait pour les aider à relever la tête et à participer à une économie moderne.

La présente étude se veut une contribution au relèvement de la dignité chez le petit exploitant agricole. Pour que sa participation au développement de la Martinique se situe à la hauteur de son importance véritable, il est indispensable qu'il se sente un personnage. Sans doute la capacité d'accepter l'innovation est-elle aussi une condition indispensable au succès de la petite exploitation agricole ! Mais, l'insistance sur cette condition, formulée dans le mépris de la première, a trop souvent conduit à l'échec dans le passé. Il ne manque pas d'étude portant sur la nécessité de l'innovation ; mais, sur la perception que le petit exploitant se fait de son environnement global, aucune n'a été entreprise. Et pourtant l'innovation n'a de chance d'être acceptée que dans la mesure où elle s'insère habilement dans cet environnement en minimisant le choc et le dépaysement. On taxe trop souvent le petit exploitant agricole de conservatisme. On s'est contenté d'arguments de facilité; on ne s'est pas sérieusement donné la peine de réfléchir sur les moyens de s'en faire un allié dans le travail de modernisation de l'agriculture.

Fondamentalement, c'est de la modernisation de l'agriculture que nous nous préoccupons. Plus que dans tout autre secteur, la modernisation dans le secteur de la petite agriculture ne peut se réaliser sans la mobilisation du petit exploitant agricole. Même les régions les plus totalitaires (pensons seulement à l'U.R.S.S.) n'ont pas su entraîner leurs petits agriculteurs parce qu'on ne s'est pas soucié de brancher la modernisation sur une solide connaissance de ces mêmes agriculteurs. Bien entendu, toute modernisation implique un éveil des aspirations ! Mais, il y a là un pari à faire dans l'homme.

Il importe plus particulièrement de bien savoir comment ils perçoivent leur environnement. Car, ils sont profondément conscients de l'équilibre qu'ils ont réussi à établir entre eux et leur environnement. Ils n'acceptent pas volontiers qu'on vienne rompre cet équilibre si péniblement acquis. Ainsi, contrairement à une croyance commune chez les scientifiques, l'obstacle à l'acceptation de l'innovation est souvent moins le conservatisme qu'une conscience aiguë d'un équilibre écologique, auquel correspond au fond d'eux-mêmes un équilibre psychologique. Tout effort de modernisation consiste ainsi à savoir comment intervenir dans le premier en créant le moins de remou possible dans le second.

I

Problématique et méthodologie

I

Agriculture et tiers monde

Comme toute innovation, celle de la participation aux prises de décision ne s'est diffusée dans les pays du tiers monde que depuis les dernières années de la décennie 70. Il aura fallu au préalable éprouver durement les limites de la technologie avant de se rendre à cette nécessité. Sans doute, la constatation des effets sociaux négatifs résultant de la Révolution verte[1] aura-t-elle marqué une étape importante dans ce virage. Et surtout la réalisation progressive des lenteurs dans l'acceptation des techniques de contrôle des naissances, sinon de leur échec, aura-t-elle amorcé une remise en question fondamentale de la philosophie dominante du développement. Les pays développés ont d'abord dû reconnaître péniblement et à regret qu'ils ne pouvaient être les instigateurs principaux du développement ; il appartenait aux pays du tiers monde de prendre leur destinée en main, et non pas aux pays développés de le faire à leur place. Mais, cette reconnaissance n'allait pas mettre un terme à la domination de ces derniers, puisque la mise en place d'élites locales largement converties à la conception dominante du développement devait engendrer une conspiration favorable à la poursuite de cette domination. Dans les faits, la fin véritable de cette domination ne fait que commencer à poindre à l'horizon. Parmi les indicateurs de cet avènement, sans doute le plus encourageant est la revalorisation du paysannat agricole amorcée dans la seconde moitié de la décennie 70.

Dans le tiers monde, près de 80 % de la population fait partie de ce paysannat. Malgré leur importance numérique, les paysans sont généralement considérés comme amorphes et voués à l'extinction tant dans le monde capitaliste que dans les pays socialistes. Dans le premier camp, on n'a pas hésité à accaparer leurs terres pour les constituer en grands domaines capables de produire les biens d'exportation dont avaient besoin les pays développés. Et dans le second, on les embrigade en de grandes unités de production pour qu'ils puissent remplir plus efficacement les quotas qui leur sont assignés par l'État. De part et d'autre, on n'a pas su voir que les paysans jouent un rôle essentiel en assurant l'approvisionnement alimentaire de leurs pays. On a créé artificiellement des pénuries qui dans les deux camps ont amené une dépendance alimentaire croissante à l'égard des pays développés.

Suite à ce refoulement de ceux dont c'était le métier d'alimenter le monde, on s'est mis à se préoccuper de l'approvisionnement alimentaire du globe. La question a été posée dans les années 60: « Une autorité mondiale quelconque... devrait lancer une vaste enquête approfondie sur ce sujet capital: la prospective alimentaire dans les années 1975-1980-1985 — écrivait Maurice Guernier en 1968 — c'est l'étude la plus urgente et la plus importante à engager dans le monde[2]. » Depuis lors, nous avons eu droit à des études aux conclusions les plus contradictoires, à partir du rapport du Club de Rome qui anticipait de graves pénuries alimentaires avant la fin du siècle[3], jusqu'à sa réplique par un groupe de chercheurs latino-américains qui au contraire entrevoyaient l'avènement d'un état d'équilibre démographique sur le plan mondial « bien avant que l'on en arrive au point de saturation de la capacité de production d'aliments...[4] »

Ce dernier rapport s'avère particulièrement pertinent pour notre propos, dans la mesure où ses auteurs ne sont pas obligés de faire dépendre l'approvisionnement alimentaire mondial d'une production soi-disant scientifique: « La production non traditionnelle d'aliments — affirment-ils — ne paraît pas... nécessaire pour alimenter l'humanité dans l'avenir prévisible[5]. » Bref, selon cette hypothèse, la production paysanne suffirait sans introduire de ruptures indues au nom de la modernisation dans le mode de production paysan.

Des études encore plus récentes, davantage préoccupées d'explication, telles celle de Susan George ou celle de Frances Moore Lappé et Joseph Collins, abondent dans le même sens et attribuent l'accroissement de la dépendance alimentaire dans le tiers monde à l'envahissement irrésistible de l'agri-business[6]. Or, cet envahissement ne se fait pas sans heurt, puisqu'il bouscule les structures de production alimentaire existantes et les désarticulent profondément pour les axer sur les besoins des pays riches ou des élites locales[7]. Un agronome qui durant toute sa carrière n'a cessé de protester contre la progression de cette désarticulation, René Dumont, soutient qu'au lieu de décourager les paysans il faudrait susciter plus de participations paysannes et repenser l'agriculture[8]. Un de ses ouvrages récents (1978) constitue un appel à la mobilisation de toutes les forces paysannes dans le monde, ce qui implique une véritable révolution des esprits tant dans les pays développés que sous-développés. À la suite de Dumont, Provent et de Ravignan s'indignent devant « la paysannerie assassinée[9] » et lui substituent la notion de « nécessaire paysannerie[10] » :

> L'utopie du pouvoir paysan — écrivent-ils — n'a d'autre justification rationnelle que sa nécessité; elle s'exprimera par une foi totale et inconditionnelle dans les potentialités des paysans; faute de quoi les révolutions ne seront pas paysannes, donc ne seront point[11].

Pourtant la stratégie à adopter pour la mise en place du pouvoir paysan s'avère laborieuse :

> D'abord reconnaître et recenser les *expériences paysannes*. Rechercher comment, et à quelles conditions d'ordre interne et externe, elles peuvent *s'enrichir*. Rechercher par quels moyens elles peuvent *se lier* entre elles : donc faire de ces expériences le matériau d'échange entre paysans d'un même village, de villages différents, entre communautés villageoises d'une même région.
> De ces échanges peuvent naître des communautés plus vastes correspondant à des espaces de vie qu'il faudra aussi chercher à découvrir. Ainsi peut se faire le travail de réflexion en profondeur qui crée dans un milieu paysan une situation irréversible, et par conséquent les conditions d'une révolution[12].

Le chercheur scientifique a un rôle à jouer dans la révolution paysanne :

> Des paysans peuvent-ils faire seuls ce travail ? Probablement pas, ou exceptionnellement. Il y a à mettre au point des méthodes d'investigation sur les expériences paysannes, il y a à calculer, à utiliser des données scientifiques, à écrire, à découvrir des modes d'information et d'échange. Une collusion des intellectuels et des paysans sera nécessaire. Mais pas n'importe quels intellectuels : nous voulons dire non pas l'espèce qui sait, mais l'espèce qui a à apprendre. Non pas l'espèce qui parle, mais l'espèce qui écoute. La fonction de l'intellectuel sera ici de prêter son intelligence, ses méthodes, sa plume à l'expression des paysans[13].

Aussi la contribution essentielle du chercheur sera-t-elle d'être « à l'écoute des paysans tropicaux », comme l'écrivait récemment René Dumont[14].

Les stratégies mises au point par les paysans pour vivre en harmonie avec un environnement dont ils ont largement perdu le contrôle sont multiples. Elles se rangent en éventail de la mieux définie à celles qui sont difficilement perceptibles dans le paysage. La plus définitive reste celle de l'abandon de l'agriculture, c'est-à-dire l'émigration vers les villes et vers l'étranger[15]. D'autres paysans préfèrent poursuivre leurs travaux agricoles à temps partiel, tout en se faisant embaucher sur le marché du travail pour obtenir un complément de revenu ; ce phénomène reflétant une stratégie moins globale vient d'être étudié pour un des pays les moins développés, le Bangladesh[16]. Mais, sans doute, la majorité se contente-t-elle d'une stratégie de compromis plus raffinés, moins bien définis mais non moins efficaces. Christian Girault a démontré récemment comment en Haïti les petits producteurs de café se sont peu à peu démobilisés, et comment les exportations de café se sont ressenties lourdement de cette démobilisation générale[17].

Dans une perspective d'autosuffisance alimentaire, il s'agit d'un des gaspillages de ressources humaines les plus insidieux. Le mécanisme est bien connu ; Johnson le résume de la façon suivante :

> Dans les sociétés rurales qui ne sont que partiellement monétarisées et qui manquent de services de commercialisation convenables ou justes, une bonne partie du pouvoir potentiel de production se voit gaspillé, pas à cause d'une lassitude ou d'une indolence endémique, mais parce qu'il n'y a pas d'incitation pressante qui pourrait entraîner les gens à l'action productive. On n'atteint pas la plus grande production possible ; de sorte que ce qu'on écoule sur le marché n'est pas le surplus commercialisable potentiel. Au total, le producteur individuel et la nation tout entière subissent une perte en ne tirant pas partie de ce qui se présente à eux[18].

Sur le plan de la production des cultures vivrières, la croissance de la dépendance alimentaire est largement une contrepartie de la démobilisation, la résultante la plus visible. Sur le terrain, les indices de cette stratégie la plus communément employée sont difficilement observables. On a eu recours à des explications de facilité qui par la suite sont devenues des mythes. La réalité est tout autre : les effets de la démobilisation des masses paysannes se font sentir insensiblement d'une année à l'autre et son acceptabilité par les paysans eux-mêmes est fortement reliée à ce caractère imperceptible. C'est cette imperceptibilité qui explique que l'on n'aie pas encore tenté de comprendre comment la démobilisation s'opère dans le vécu même des paysans. Si le chercheur s'y appliquait, le tableau qu'il ne manquerait pas de tracer pourrait fort bien dramatiser la croissance de cette démobilisation au point de susciter une prise de conscience chez les paysans eux-mêmes. Ce serait alors les placer pour la première fois devant un miroir d'un genre nouveau qui réfléchirait dans une image globale les changements survenus ou en train de survenir dans leurs pratiques agricoles au cours des années. C'est la tâche à laquelle s'attaque le présent ouvrage. Mais auparavant il importe de dénoncer les croyances inhérentes aux explications courantes de la sous-production alimentaire dans le tiers monde.

1. IMAGE DE LUI-MÊME CHEZ LE PAYSAN

Tout a été essayé dans le passé auprès des paysans du tiers monde pour les amener à accroître leur productivité alimentaire. L'engouement s'est déplacé de la mécanisation aux fertilisants, puis aux variétés nouvelles de semences. Les résultats n'ont pas été à la hauteur des espoirs, parce qu'un élément important du système n'a pas été pris en considération à sa juste valeur, notamment le paysan lui-même. Ce manque de considération pour le cerveau même du système n'a rien d'étonnant, malgré l'approche systémique souvent adoptée. Aux yeux des planificateurs, le paysan n'était qu'un élément insignifiant dans le système, une main-d'œuvre aveugle et nécessairement soumise. On se contentait de définir la productivité alimentaire en fonction seulement de la terre (soit sa fertilité) et de l'homme (soit sa technologie). Les hommes en place importaient peu. Cette simplification s'avère aujourd'hui grossière et abusive. La conjonction de fertilité élevée et de technologie avancée se prête naturellement à une productivité forte ; tout comme celle de faible fertilité et de technologie traditionnelle peut expliquer une faiblesse dans les rendements. Mais on a encore trop tendance à oublier que ces rapports entre fertilité et technologie ne se font pas directement : ils sont toujours médiatisés par une image mentale où l'information au sujet de la fertilité et de la technologie, et le système de valeurs individuel s'influencent mutuellement. Ainsi, même si elle continue à prévaloir, l'approche mécaniste porte en elle-même la semence de son échec.

Les planificateurs imposaient à la place leur propre image mentale où l'agriculture paysanne était dévalorisée et même condamnée à disparaître devant la poussée de l'agriculture moderne :

> Aujourd'hui la société industrielle se retourne contre la paysannerie, dont elle est issue, et la condamne irrémédiablement, parce qu'elle ne peut tolérer qu'elle soit rebelle à sa rationalité. La fin des paysans [...] est aujourd'hui acquise en Occident[18a].

C'est ainsi que faiblesse de rendements et incapacité d'innovation sont longtemps demeurées des postulats acceptés sans critique par les planificateurs et les politiciens.

1.1 Le dogme de l'irrationalité paysanne

On ne considérait pas l'agriculture paysanne en elle-même, dans ses rapports avec l'environnement. On se servait plutôt d'un filtre qui la déformait et la faisait apparaître sous un jour défavorable et condamnable. Déjà en 1963, Peter Gould, dans une étude normative désormais classique en géographie du comportement[19], faisait du petit exploitant agricole au Ghana un être au comportement infra-rationnel par rapport à la norme de l'homme économique. Dans la même veine d'idées, l'ouvrage consacré à l'agriculture de subsistance, réalisé en collaboration sous la direction de R. Clifton Wharton en 1969[20], est organisé autour de l'idée que ce type d'agriculture est destiné à céder la place à une agriculture plus rationnelle. Il aura fallu l'avènement de la conscience écologique pour que soit réexaminées les bases du statut d'infériorité où on la retenait. Quand Clifford Geertz démontra que l'agriculture sur brûlis représentait une utilisation hautement positive des terres de forêt tropicale[21], soit une imitation ingénieuse de la végétation naturelle environnante, il amorçait une remise en question qui ne fait que commencer à influencer les politiques de développement dans le tiers monde. Aujourd'hui, même les pays développés sentent que sont ébranlés leurs préjugés à l'égard du type d'agriculture pratiqué par les paysans :

> La diversité constitue la colonne vertébrale d'un écosystème en santé — écrit Catherine Lerza. Elle sert d'isolant naturel contre la maladie, les intempéries et les pestes. Mais l'agriculture américaine (pour ne pas dire l'agri-business) a commis l'erreur dans les trois dernières décennies d'abandonner la diversité et de lui préférer l'homogénéité. Après la séduction des gros profits, des siècles d'évolution végétative ont cédé la place à des semences hybrides mises au point en laboratoire, et des écosystèmes naturels caractérisés par une variété considérable d'espèces végétales se sont vu remplacés par des milliers d'acres en monocultures[22].

L'explosion démographique dans le tiers monde, analysée à la lumière de la croyance irréfléchie en la supériorité du système de production occidental, nous a longtemps empêchés de reconnaître qu'avant la détérioration des espaces agricoles, caractéristique de beaucoup de pays sous-développés, la polyculture qui y était pratiquée représentait une adaptation à l'environnement particulièrement bien réussie. Obnubilés que nous étions par notre supériorité, nous ne pouvions pas voir que la pauvreté des rendements résultait de la dégradation de l'état d'équilibre qui prévalait auparavant avec l'environnement. Nous condamnions alors irrémédiablement la polyculture comme arriérée et gaspilleuse d'espace.

Nous nous sommes ainsi habitués à prêter un caractère de haute technicité et forte complexité à l'agriculture moderne et à l'opposé de faible technicité et grande simplicité à l'agriculture dite traditionnelle[23]. Ce n'est que récemment qu'on s'est rendu compte que la prise de décision pouvait être très complexe également chez le paysan et que la technicité était loin d'y être absente[24].

Le mythe de la supériorité de la monoculture sur la polyculture ne s'est implanté nulle part ailleurs avec autant de racines profondes que dans la Caraïbe. Il était nécessaire à l'existence même du type de société engendrée par l'économie de plantation. Il renforçait les divisions sociales. Son association avec les esclaves et les descendants d'esclaves donnait à la polyculture aux yeux des maîtres un statut d'infériorité par rapport à la monoculture. Par ailleurs, elle était perçue comme un symbole de libération par les noirs, de sorte qu'ils ne désiraient rien de mieux que de la pratiquer. Cette ambiguïté dans la perception de la polyculture s'est perpétuée jusqu'à nos jours. Elle a été véhiculée dans des ouvrages qui sont devenus des classiques en leurs pays respectifs.

L'ouvrage de Jean Baptiste Delawarde sur *la Vie paysanne à la Martinique*, paru en 1937, témoigne de l'opinion dominante en Martinique à l'égard du petit exploitant agricole :

> Sans doute ne dispose-t-il que de peu de surface — écrivait-il alors — et s'ingénie-t-il à y faire croître le maximum de plantes, mais d'autre part cet entassement négligent et capricieux répond bien à sa tournure d'esprit, et la complicité du soleil et des pluies fécondantes lui permet néanmoins d'obtenir des résultats[25].

Le mépris est à peine voilé. Le paysan a une tournure d'esprit qui favorise la négligence et le caprice. Les vieux clichés de paresse et d'irrationalité collent à sa peau. S'il obtient des résultats, c'est bien malgré lui ; il faut les attribuer à la générosité de la nature qui sait contrebalancer ses déficiences.

Écrivant douze ans plus tard, Eugène Révert a bien tenté de corriger cette croyance populaire lorsqu'il discernait dans l'agriculture paysanne

> ... une adaptation remarquable au climat antillais, le fouillis de végétation protégeant aussi bien les jeunes plants contre l'ardeur exagérée du soleil tropical que contre le ravinement des grosses averses d'hivernage[26].

Pourtant en 1961 un autre géographe français, travaillant cette fois-ci en Haïti, Paul Moral, n'en continuait pas moins d'être porteur de la même image biaisée :

> ... presque partout — écrivait-il — le vrai jardin, celui qui se trouve près de la maison et qui reçoit les soins les plus vigilants, offre un indescriptible fouillis de toutes les plantes dont la culture est possible [...] (Moral parle ensuite de) mélange confus de grands arbres, de pieds de coton et de cultures légumières diverses [...] Enfin des cultures « à la sauvette » se voient partout, mêlées à la végétation naturelle...[27]

Le choix des mots (*v.g.* indescriptible fouillis, mélange confus, à la sauvette) est nettement indicateur d'absence de rationalité. Pour Moral, le paysan (haïtien, dans ce cas-ci) pratique une « économie de grapillage», c'est-à-dire qu'il ne fait que cueillir de-ci, de-là à tout hasard ce qui pousse naturellement; il s'agit encore ici d'expressions hautaines. D'ailleurs Moral est bien conscient que des recherches plus poussées pourraient aider à voir plus clair dans le désordre apparent des plantes; mais — se demande-t-il — «ne seraient-elles pas, elles aussi, découragées par l'anarchie de la structure agraire et le mélange des cultures[28] ?» Le comportement du paysan échappe donc à tout effort d'intelligibilité. Notons en passant que le monde socialiste semble partager les mêmes préjugés à son égard, puisque dans l'esprit de Fidel Castro «les paysans doivent se spécialiser dans une culture principale et que le «pot-pourri» actuel des cultures existant sur une même petite terre doit cesser[29] ».

Enfin, même au milieu des années 70, rien n'était vraiment changé dans cette image dominante, comme en témoigne le texte qui accompagne la planche consacrée à l'utilisation du sol dans l'atlas de la Martinique, rédigé par Jean-Claude Maillard:

> Les conditions mêmes dans lesquelles elle est bien souvent conduite (*i.e.* la production vivrière) entretiennent la confusion et rendent plus incertaine encore dans bien des cas la frontière entre l'acte agricole volontaire et le simple «grapillage» du milieu naturel. À part quelques cultures homogènes en effet, c'est encore le fouillis classique du «jardin caraïbe», où se mêlent et se superposent les espèces végétales qui prévaut. C'est sans doute un mode de mise en valeur bien adapté aux conditions locales, permettant à l'exploitant de tirer de lopins exigus les productions les plus variées mais incapable de répondre de façon satisfaisante à l'accroissement comme à l'évolution de la demande qui accorde une place de plus en plus grande notamment aux légumes dits d'«Europe» sur les principaux marchés urbains...[30]

Ainsi, les paysans antillais adonnés avant tout à la production alimentaire pour fin de consommation domestique sont-ils étiquetés comme ayant une mentalité «non économique». Le progrès dans leur cas implique qu'ils se dégagent d'une polyculture irrationnelle pour se convertir à une monoculture plus rationnelle axée sur l'exportation. C'est justement ce genre de changement que Janet Henshall-Momsen entrevoit pour le paysan antillais. Après une intéressante étude comparative de l'agriculture paysanne en Martinique, à Sainte-Lucie et à la Barbade, elle prétend que l'aboutissement normal dans l'évolution du paysannat à partir de l'étape initiale de subsistance est représentée par le paysannat de la Barbade, engagé dans la culture de la canne à sucre pour les raffineries locales[31]. Dans une économie de plantation, la logique exige que les paysans s'impliquent dans une culture dominante en fonction de l'exportation. Tous ceux qui persistent dans la polyculture, que ce soit simplement pour l'autoconsommation ou pour le marché domestique, sont étiquetés de traditionalistes ou non progressifs dans l'échelle de l'évolution vers la rationalité économique. Dans une telle évolution, les modèles de l'homme et les biais culturels marchent main dans la main; les paysans non progressifs correspondent évidemment aux francophones martiniquais, et les progressifs aux anglophones barbadiens.

Tenter de réaliser ce que Moral déclarait quasi impossible devient donc une tâche délicate et courageuse dans le contexte actuel. Courageuse, parce qu'elle va à contre-courant d'une croyance solidement ancrée dans l'esprit de la société dominante et des gouvernements. Délicate, parce qu'elle peut donner prise à l'accusation que le chercheur endosse l'allocation historique des ressources et exonère les profiteurs actuels de tout blâme. Pourtant, cette tâche a été entreprise par nombre de chercheurs dans la Caraïbe. Donald Q. Innis vient tout juste de résumer l'état de la question[32]. Dans la Caraïbe française, une équipe de jeunes agronomes travaille dans le même sens au Centre de Madian-Salagnac en Haïti[33]. Ces chercheurs tentent de redécouvrir dans cette terre particulièrement dégradée les valeurs écologiques inhérentes au système de polyculture qui y est pratiquée. Vincent de Reynal pose brutalement la question à propos de l'agriculture paysanne en Haïti: « Agriculture anarchique ou système de production cohérent » ? Sa réponse à la suite d'une étude particulièrement minutieuse est nette et précise: les paysans optimisent l'utilisation du milieu:

> Que ce soit dans le jardin A, véritable verger construit pour une maximisation de la productivité, ou dans les jardins ouverts (B et C), l'agriculteur fait preuve d'un « savoir-faire » qui lui permet de combiner l'utilisation d'espèces fort diverses (pérennes ou annuelles), réalisant pour chacune d'elles les conditions du milieu qui lui sont les plus favorables.
>
> Au niveau de chaque parcelle, la fertilité demeure l'axe essentiel orientant les techniques culturales. La matière organique est totalement mise à disponibilité par le secouage, qui permet l'humidification des produits de la jachère, le buttage réalisant sa concentration et sa redistribution.
>
> L'espace ainsi aménagé permettra l'expression de cette fertilité par espèces d'exigences différentes. Cet aménagement, qui doit aussi prendre en compte de nombreuses autres données propres à chaque espèce (développement, cycle, etc.) rend compte de la complexité des choix qu'a dû intégrer l'agriculture[34].

L'objectif de l'équipe de Madian-Salagnac consiste donc à promouvoir un type de production alimentaire qui dérange le moins possible la fertilité déjà précaire des sols et ainsi à maximiser la productivité alimentaire. Loin d'être des romantiques, comme on les en a accusés injustement[35], ils travaillent de façon méthodique et précise. Ils croient à l'existence d'une rationalité dans les pratiques agricoles employées et à l'utilité de cette rationalité dans l'avenir pour une meilleure utilisation de l'environnement antillais dans une perspective d'accroissement de la productivité alimentaire. Toute modernisation de l'agriculture doit se faire dans le respect de la rationalité du paysan. Ce n'est qu'à ce prix que le paysan augmentera sa production alimentaire.

1.2 Le dogme de la supériorité de la grande sur la petite exploitation agricole

On a fréquemment attribué à la polyculture la pauvreté des rendements agricoles, mais l'étude des bilans énergétiques nous a amenés à des constatations tout à fait contraires[36]. La conviction de l'infériorité de la petite exploitation agricole par rapport à la grande, se fondait aussi sur la croyance que, la pauvreté des rendements dépendait de la taille des exploitations jugée trop exiguë. On s'est alors attaqué à sa soi-disant irrationalité.

Les petites exploitations étaient réputées moins productives que les grandes. En guise de preuve, il suffisait de rappeler que dans les pays où la production alimentaire s'était accrue de façon sensible au cours des dernières décennies, les exploitations s'étendaient sur de vastes espaces ou étaient en train de s'agrandir. La diffusion de ce modèle dans les pays où la production alimentaire relève de petits exploitants entraînait obligatoirement une politique de consolidation des terres[37]. Mais, cette politique allait paver la voie à deux graves abus. Le premier résultait d'une ambiguïté à l'égard de l'utilisation éventuelle des grandes exploitations ainsi constituées, puisqu'elles se prêtaient à une production indistinctement axée ou bien sur la consommation domestique ou bien sur l'exportation. Et le second abus était le discrédit indirectement jeté sur la petite exploitation agricole dans le tiers monde. Ainsi l'on cédera facilement à la tentation d'attribuer la pauvreté des rendements à l'exiguïté des exploitations comme l'a fait une récente étude de l'agriculture dans une île de la Caraïbe.

> Le facteur le plus important — écrit John Brierley à propos de l'agriculture en Grenade — [...] est celui de la taille des exploitations, puisqu'il explique le plus fort pourcentage de la variance. Il semblerait donc que la taille des propriétés agricoles soit le facteur principal qui influence la nature de la petite agriculture et fait penser que plus l'exploitation est étendue, plus la pratique agricole est développée...[38]

Pourtant des spécialistes du tiers monde n'avaient pas manqué auparavant de mettre les chercheurs en garde contre de telles simplifications[39]. L'un des premiers géographes à exprimer des doutes sur la politique de consolidation des terres a été David Grigg[40]. L'efficacité en question, selon lui, résulte d'une mesure fondée sur la production *per capita*. Mais, dans des pays où d'un côté la main-d'œuvre est abondante et de l'autre le capital et la terre sont rares, cette mesure paraît fort discutable. Probablement la production à l'hectare y constituerait une mesure plus réaliste. Grigg se voit ainsi amené à réexaminer l'argument historique qui rend nécessaire la consolidation des terres pour qu'il y ait hausse dans les rendements agricoles. Cet argument ne réussit pas à le convaincre[41]. D'ailleurs, plus récemment, Frances Moore Lappé et Joseph Collins ont fait à leur tour une revue de toutes les études effectuées dans le monde sur cette question et aboutissent à des conclusions semblables :

> Notre question est donc : La superficie restreinte d'une exploitation est-elle synonyme de faible productivité ? Pour y répondre, nous avons consulté des études effectuées dans le monde entier ; partout le verdict est le même : contrairement à ce que nous pensions et dans la majorité des cas, le petit paysan produit plus par unité de surface que le gros agriculteur[42].

Même aux États-Unis, pays particulièrement bien réputé pour sa forte production agricole, les petits exploitants obtiennent des rendements à l'hectare qui surpassent ceux des grandes exploitations[43].

À mesure que le coût des intrants augmente, suite à la hausse des coûts des produits pétroliers, il devient de moins en moins avantageux de substituer à l'énergie animale des formes d'énergie telle que l'énergie fossile. En fait, mesurée en unités énergétiques, l'agriculture américaine a vu son efficacité diminuer dix fois depuis 1910 ; tandis qu'une seule calorie énergétique lui suffisait alors pour extraire une calorie alimentaire du sol, elle doit maintenant en investir dix pour parvenir au même résultat. À l'opposé, beaucoup de sociétés dites « primitives » obtiennent entre cinq et cinquante calories alimentaires par calorie investie dans la production agricole[44].

Pourtant, devant ces conclusions renversantes, la fragmentation continue des terres agricoles en exploitations toujours de plus en plus petites n'en demeure pas moins la pierre d'achoppement la plus résistante. Beaucoup d'exploitations agricoles dans le tiers monde s'avèrent trop exiguës pour permettre aux exploitants un niveau de vie raisonnable. Déjà Grigg répliquait en se demandant quelle dimension devait avoir une exploitation pour permettre un niveau de vie raisonnable :

> C'est difficile à dire — répondait-il —, parce que ça dépend de la définition du niveau de vie raisonnable, de l'intensité avec laquelle le sol est travaillé, de la valeur du produit, de la taille de la famille à faire vivre et de beaucoup d'autres variables[45].

Mais, la réponse qui va au cœur de la question, qui ébranle dans ses fondements mêmes tout l'édifice des préjugés qui bloquent la mise sur pied d'une politique fondée sur une reconnaissance de l'apport véritable des petits paysans, porte beaucoup moins sur la dimension des exploitations que sur les facteurs d'environnement de l'exploitation :

> C'était moins la grandeur de la parcelle que le lien de l'agriculteur à sa terre qui comptait [...] les petites exploitations pouvaient être très productives — comme c'est le cas au Japon — lorsque les paysans savent que la productivité est tout à leur avantage. (C'était) exactement le contraire, lorsque les conditions de crédit, les dettes et les conditions de fermage enlèvent à ceux qui travaillent la terre les fruits de leur labeur.
> Même chose pour les grandes unités agricoles. Nous avons vu l'inefficacité des grandes entreprises privées agricoles ; si l'on remplace un propriétaire par une bureaucratie antidémocratique la productivité restera très faible, comme le montre le développement de l'agriculture en Union soviétique[46].

D'ailleurs, la diminution des superficies des petites exploitations agricoles à la suite de l'expérience de réforme agraire au Japon n'a pas empêché ce pays de garder la tête des records de rendement à l'acre en Asie pour plusieurs cultures[47]. On y pratique une agriculture si intense qu'il faudrait plutôt parler d'horticulture[48]. Il en est de même, écrit Borgstrum, dans ce vaste pays qu'est la Chine, où

> la consolidation des petites exploitations en de plus grandes n'apporterait que peu d'amélioration et ne permettrait pas d'entretenir de certitude quant au maintien de l'efficacité qui la caractérise ni quant à l'accroissement de la productivité à l'acre — au contraire de telles mesures pourraient bien la diminuer[49].

C'est d'ailleurs le sort regrettable que semble avoir subi l'agriculture paysanne en Chine, selon un ouvrage récent[50].

> Mais tout malmené qu'il faut, ce maudit lopin conservait une productivité fantastique, bien supérieure à celle des terres collectives. Peu après la chute des Quatre, on découvrit qu'il représentait le quart des produits agricoles commercialisés (à l'exception des céréales). Obtenir autant sur à peine 5% des terres cultivables, malgré toutes ces persécutions, quel triomphe pour la propriété privée[51] !

Pour corriger les erreurs récentes, la politique consiste à

> Avant tout, inciter le paysan, quelque peu échaudé par dix ans de répression de l'initiative privée, à développer ses occupations annexes, où les progrès sont les plus rapides, où la productivité est la plus grande. On redistribue les lopins lorsqu'ils ont été confisqués. Par endroit, on en élargit la superficie jusqu'à 7%, voire 10%, des surfaces cultivables[52].

Ainsi la productivité de la petite exploitation agricole est enfin reconnue en Chine. À l'encontre de la tendance à l'émiettement des terres, on met au point des mesures pour que la petite exploitation s'agrandisse légèrement.

2. *CHANGEMENT DE L'IMAGE*

Il semble ainsi exister une sorte de conspiration internationale constituée essentiellement de préjugés durables trop longtemps ennoblis de l'auréole de la science, contre les masses paysannes dans le monde, et plus particulièrement dans le tiers monde. Les intérêts des classes dominantes trouvent sans doute en partie leur raison d'être en eux-mêmes ; mais ils se fondent aussi sur ces préjugés. Comme les masses paysannes gaspillent les terres agricoles en y pratiquant une polyculture arriérée et en les fragmentant de façon déraisonnable, les élites (industrielles, commerciales, bureaucratiques, politiques) s'attribuent un rôle de substitution qui fait leur affaire. Et de leur côté, suite à la diffusion de ces croyances dans la société, les masses paysannes sont pénétrées de ces croyances avilissantes. Nulle part ailleurs plus que dans les Antilles le petit exploitant ne se perçoit comme « malheureux » ou « *poor man* »[53].

Aussi longtemps que l'environnement demeurait saisissable, parce que les rôles de chacun y étaient clairs et nets comme dans la société de plantation, il pouvait néanmoins entretenir l'illusion d'exercer un certain contrôle sur cet environnement. La mise en place d'une agriculture en harmonie avec la nature, dans les terres de maronnage dans les îles, et, dans tout Haïti après l'indépendance, en sont des témoignages éloquents. Mais, dans le monde insaisissable d'aujourd'hui dominé par les sociétés anonymes et les multinationales, le sentiment d'être marginalisé est profond. Le petit exploitant agricole a moins que jamais l'impression de contrôler son environnement. S'il est vrai, selon le psychologue Dominique Erspicum que l'« épanouissement individuel est lié à une extension progressive de l'environnement cognitivement et affectivement contrôlé[54] », le petit exploitant agricole dans le tiers monde est voué plus que d'autre à une frustration profonde, parce que plus que pour tout autre le monde en formation lui échappe. L'image qu'il a de lui-même ne peut qu'être débilitante et délétère pour son action comme producteur alimentaire. La stratégie qu'il adoptera en sera une de désengagement progressif dont l'abandon des terres n'est que la forme ultime.

Ainsi, si la société reflète une image du paysannat qui rabaisse sa contribution à l'alimentation générale, il est inévitable que cette contribution diminue. Le pays doit alors se rabattre sur les importations alimentaires qui à leur tour accélèrent cette diminution suite à l'affaiblissement de la compétitivité du paysan. Le cycle de la décroissance dans la production alimentaire locale et de la croissance de la dépendance alimentaire sur l'étranger ne peut être enrayé que par la revalorisation de l'apport paysan résultant en partie d'une politique structurée, axée sur l'accroissement de la production alimentaire, mais surtout d'un renversement des valeurs, qui ferait du paysan le véritable moteur de la société. Plusieurs auteurs n'hésitent pas à présenter les succès déjà remportés dans le passé comme preuve de la validité de cette approche[55]. Mais ces succès ne touchent que quelques rares pays dans le tiers monde. Dans la vaste majorité des cas, on a plutôt enregistré des échecs. Pour remédier à cette situation, Susan George fait un plaidoyer éloquent en faveur d'une politique fondée sur la confiance dans le paysan :

> Comment peut-on s'attaquer à ce problème ? Une bonne façon, ce serait de se mettre à utiliser cette ressource fondamentale qu'on a en abondance — la population. Il est possible de se mettre à l'écoute de ses paysans au lieu de toujours essayer de leur imposer une technologie d'en haut, « pour leur propre bien ». Les paysans ont fait de la recherche et du développement depuis des générations — autrement ils n'auraient pas survécu. Si on ne prend pas en considération et si on n'écoute pas la base agricole — les paysans pauvres —, les innovations technologiques vont partout avoir tendance à profiter seulement aux cultivateurs les plus riches et les mieux instruits qui ont les moyens de se les permettre...[56]

La recherche dont les résultats sont rapportés dans les chapitres subséquents répond à cette préoccupation en considérant le paysan comme un véritable chercheur, qui pratique depuis longtemps sans le savoir la méthode scientifique.

2

Marginalité et autoapprovisionnement

L'appareil de production alimentaire n'est pas désarticulé de façon égale d'un pays à l'autre dans le tiers monde. Cette désarticulation est fonction de la perte de contrôle sur l'environnement. Plus la perte apparaît totale, plus le pays souffre de désarticulation ; et plus elle semble superficielle, plus il retient l'intégrité de son appareil de production alimentaire. La région Caraïbe présente un vaste laboratoire où un bon nombre d'expériences sont présentement en cours de réalisation. Aux côtés de la Caraïbe anglophone, regroupée dans le Marché commun antillais (CARICOM), où le contrôle des importations alimentaires commence à être pratiqué pour favoriser l'accroissement de la production alimentaire domestique, se trouve la Caraïbe française qui, toute porte ouverte sur la France métropolitaine, n'a vraiment pas de politique de production alimentaire domestique.

La prospérité matérielle, si visible à la Martinique et à la Guadeloupe par contraste avec le dénuement des îles avoisinantes de Sainte-Lucie et de la Dominique, n'empêche pas ces îles de se ranger parmi les pays sous-développés. Albertini a déjà démontré comment était trompeuse la croissance en cours[1]. La structure agricole dominante, telle que révélée par le recensement agricole de 1973[2], en est nettement une typique de sous-développement, comme l'auteur l'a déjà montré ailleurs[3]. Les paysans recourent à toute la gamme des stratégies pour faire face à un environnement planifié à Paris. Par l'entremise du BUMIDON[4], l'émigration des jeunes vers la Métropole est encouragée et même organisée. Rares sont les pays du tiers monde où l'on puisse observer une population agricole aussi démobilisée.

L'origine de la petite propriété agricole dans la marginalité a souvent été racontée[5]. Mais, on n'a pas suffisamment mis en relief la

Carte 1

Localisation de la Martinique dans les Petites Antilles ainsi que dans les îles Caraïbes

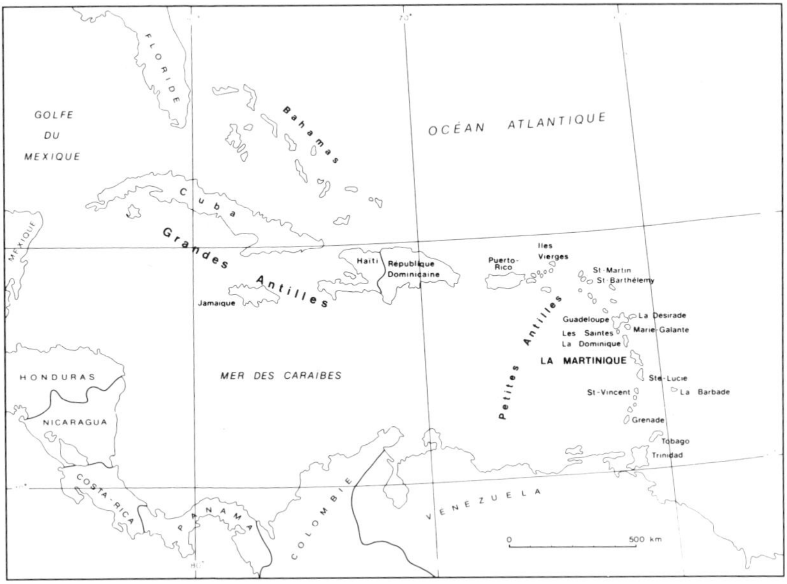

concertation qui n'a cessé d'exister entre les pouvoirs officiels et les grands planteurs pour la maintenir dans cette marginalité. Rien d'étonnant donc à ce que cette politique continue aie produit chez les petits exploitants un profond sentiment d'isolement et d'abandon ! Se sentant laissés pour compte, ils se sont repliés sur eux-mêmes. Ils ont développé un mode d'utilisation du sol bien à eux, bien adapté à leur environnement physique et socio-économique.

L'ironie veut que maintenant on considère comme trop marginale cette façon d'utiliser le sol. On admet la nécessité de la spécialisation qui caractérise la petite exploitation agricole dans l'économie martiniquaise, mais, seulement dans la mesure où cette spécialisation serait reprise par les grands planteurs qui, semble-t-il, seraient les seuls à posséder les moyens de pratiquer l'agriculture destinée à la consommation locale avec le degré de technicité qu'elle requiert. Ainsi, l'objectif serait d'enlever aux petits exploitants la fonction qu'ils ont traditionnellement rempli. Dans cette optique, seule la fonction d'autoconsommation leur resterait. En définitive, ils se verraient davantage enfoncés dans la marginalité.

Une grave ambiguïté a été entretenue intentionnellement entre superficies relevant de la petite exploitation et superficies consacrées à la production de cultures vivrières. Tandis qu'on a recueilli très peu de données sur l'accroissement de la première au siècle dernier, les données se rapportant aux fluctuations des secondes se révèlent relativement plus abondantes. L'existence de la petite propriété a d'abord été la résultante d'une tolérance ; l'autoapprovisionnement en vivrières, au contraire, a fréquemment fait l'objet de mesures positives susceptibles d'en stimuler l'expansion dans l'espace. Mais, dans les faits, les deux se sont régulièrement confondus, parce que seuls les petits exploitants ne disposaient pas des moyens pour recourir aux produits importés : ils n'avaient pas le choix, ils devaient produire pour leur propre consommation. De là à chercher à écouler les surplus de la production domestique, il n'y avait qu'un pas vite franchi. Ainsi, il n'y a rien d'étonnant à ce qu'ils aient été souvent presque les seuls à alimenter le marché local en petites quantités de fruits et de légumes, alors que l'administration aurait bien voulu que ce rôle soit rempli par les plus grands planteurs. Cette interprétation des intentions de l'Administration semble être la seule qui explique les écarts qui n'ont cessé d'exister entre les déclarations officielles d'appui à la culture vivrière sans cesse répétées et les constats d'échec non moins fréquents dans ce domaine.

1. PETITE PROPRIÉTÉ ET VIVRIÈRES

Le seul recensement antérieur au *Recensement général de l'agriculture* remonte à près de trente ans en arrière (1935)[6]. Durant cette longue période la structure foncière de la Martinique a subi de profonds changements (Talbeau 1)[7]. Une augmentation considérable du nombre des petites exploitations a été enregistrée (451 %)[8] qui contraste avec une diminution appréciable du nombre des grandes (−35). L'augmentation des superficies correspondantes de la petite exploitation a toutefois été inférieure (232 %), ce qui se traduit au niveau de la superficie moyenne des petites exploitations par une diminution de l'ordre de presque 50 %. On enregistre un phénomène inverse au sujet de la grande plantation (supérieure à 100 hectares) : alors que le nombre des exploitants et les superficies correspondantes diminuent, la superficie moyenne augmente. Sans doute faut-il voir dans ces changements de la structure foncière le net effet de la subdivision des propriétés déjà existantes résultant de la succession héréditaire et de la fragmentation des grandes propriétés avant comme durant la réforme foncière[9].

Depuis ses origines à la suite de l'émancipation des esclaves, la petite exploitation agricole a été associée avec la culture vivrière[10]. Mais, cette association ne s'est pas poursuivie dans les faits de façon continue. Le petit exploitant s'est souvent adonné à une culture commerciale d'exportation (banane, canne...) ; et les propriétaires de

TABLEAU 1

Changements dans la structure foncière entre les recensements de 1935 et 1973

		<3 ha	3-10 ha	10-50 ha[1]	50-100 ha[2]	100 ha	Total 100%
1935	N	71,8%	15,6%	7,07%	2,4%	3,2%	6 536 propriétés
	S	7,2%	7,4%	11,2 %	13,3%	61 %	75 859,87 hectares
	SME	1,23	5,81	19,72	68	235	11,61 hectares
1973	N	85 %	11,9%	2,2%	0,4%	0,5%	24 933 exploitations
	S	17,7%	17,6%	13,5%	9,2%	42 %	80 253 hectares
	SME	0,63	4,48	19,15	68,62	251	3,22 hectares
Différence	N	+451%	+291%	+117%[1]	-35%[2]	-39%	+381%
	S	+232%	+224%	+113%	-34%	-35%	+6%
	SME	-0,60	-1,33	-0,57	+0,62	+16	−8,39 hectares

[1] Pour 1935 : 10 à 40 au lieu de 10 à 50 ha pour 1973.

[2] Pour 1935 : 40 à 100 au lieu de 50 à 100 ha.

N Nombre d'exploitants

S Superficies correspondantes

SME Superficie moyenne par exploitant (en ha)

FIGURE 1

Superficie plantée en cultures vivrières et maraîchères depuis le début du 19e siècle

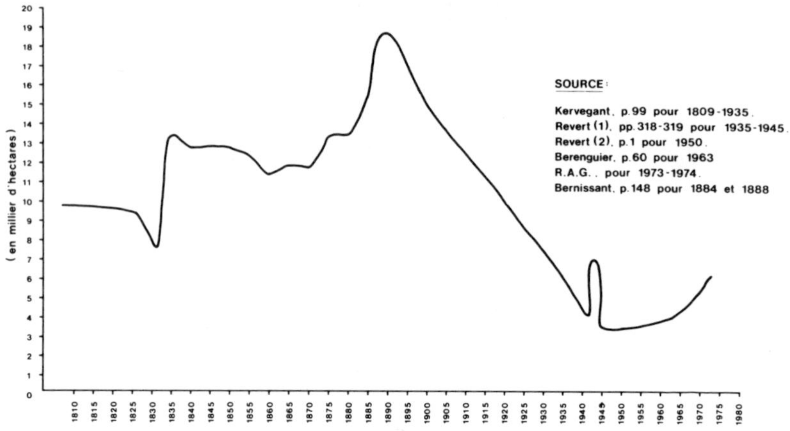

superficies supérieures à trois hectares ont souvent recouru à la culture des vivrières. Il n'en reste pas moins vrai que dans l'esprit de beaucoup de gens, petites exploitations et cultures vivrières se sont souvent confondues. En 1911, Fouquet n'écrivait-il pas que « les petites propriétés sont en règle générale consacrées aux cultures vivrières »[11]. C'est ainsi que Bernissant (1916) passe imperceptiblement de l'un à l'autre[12], il présente même l'expansion en superficie des cultures vivrières comme une mesure des progrès de la petite propriété[13]. Révert (1949) n'écrit-il pas que « le pays vivrier [...] coïncide de manière à peu près parfaite avec les zones d'habitat dispersé et de petites propriétés[14] ! » Dans cette perspective, la courbe d'évolution des superficies plantées en cultures vivrières (et maraîchères) depuis le début du dix-neuvième siècle, présente un grand intérêt (Fig. 1). Durant la seconde moitié du dix-neuvième siècle, l'évolution des superficies consacrées aux vivrières recoupe à peu près celle de la petite propriété. Mais, il est douteux qu'il en ait été de même au cours de la première moitié du vingtième siècle avant la Deuxième Guerre mondiale. Il a dû y avoir augmentation du nombre de petits exploitants agricoles[15], même si elle a été lente. Quatre-vingt-sept ans après l'émancipation des esclaves, en 1935, on dénombrait 4 696 exploitations d'une superficie inférieure à trois hectares; malgré sa faiblesse (seulement 23 % des exploitations de même taille en 1973), ce chiffre laisse supposer qu'il y a eu croissance depuis l'émancipation des esclaves en 1848, et non pas décroissance comme l'indique la courbe des superficies.

Une dissociation entre superficies plantées en vivrières et petites exploitations a donc eu lieu. Cette dissociation est corroborée par le fait qu'en 1935 les premières couvraient des superficies d'au moins 7,7% supérieures à celles des secondes[16]. La courbe suggère aussi qu'il y a eu une montée soudaine de cette association durant la Deuxième Guerre mondiale suivie d'une rechute aussi abrupte avec la fin de la guerre. Depuis ce moment, les superficies consacrées aux vivrières se sont remis à augmenter lentement, tout comme la superficie globale des petites exploitations a augmenté, passant d'à peine 5 775 hectares en 1935 à 14 025 hectares en 1973. En cette dernière année, 54% des superficies consacrées aux vivrières et maraîchères se trouvaient sur les petites exploitations.

2. *IMPORTATIONS DE LÉGUMES*

Pourtant, quelle qu'ait été la superficie consacrée aux vivrières, Kervégant remarque en 1936 que « la Martinique s'est adressée constamment à l'extérieur pour se procurer les denrées nécessaires à son alimentation[17] ». Cet état de chose n'a pas cessé de faire l'objet de mesures correctives, qui n'ont jamais vraiment enrayé le mal. Kervégant pouvait aussi écrire que

> les denrées vivrières [...] se sont trouvées sur le marché local sans protection sensible contre la concurrence des pays à prix de revient très bas ou à change dépriécié. Il n'est nullement surprenant par suite — poursuivait-il — que les planteurs aient eu tendance à se limiter de plus en plus à produire uniquement les vivres nécessaires à leur consommation familiale[18].

On n'a jamais eu recours aux vrais remèdes qui auraient pu redresser la situation ; on était trop conscient que « la réduction des importations [...] atteindrait gravement les intérêts des négociants de Fort-de-France[19] ».

En fait, cette remise en question du fondement de l'économie martiniquaise remonte plus loin dans le temps. Bernissant regrettait déjà en 1916 que le rôle de la petite et moyenne propriété ne soit qu'accessoire, dans un pays où l'économie ne reposait que sur la canne. « Ceux qui s'y livrent et qui en profitent — écrivait-il — acquièrent de suite le premier rang. L'existence de ces pays paraît liée à la leur. En dehors d'eux il n'y aurait pas de salut[20]. » Aux yeux de Bernissant, le moyen de diversifier les cultures, c'était « l'extension de la petite propriété[21] ». Sans doute ne se rendait-il pas compte que cette extension pouvait se réaliser sans perdre le caractère d'accessoire qui collait à ce type de propriété, c'est-à-dire sans que l'économie ne soit vraiment changée !

La caractéristique principale des années 1966 à 1976 a été l'accentuation soudaine du phénomène. Même si les superficies plantées en vivrières et maraîchères ont enregistré une légère augmentation (Fig. 1), les importations de légumes frais ont vu leur rythme s'accélérer, passant d'environ 6 500 tonnes métriques en 1966 à plus de 9 500 en 1976, soit une augmentation de plus de 44 % au total ou 4 % par année en moyenne (Tableau 2). L'ampleur du phénomène se saisit mieux si l'on songe que durant la même période l'augmentation de la population martiniquaise se limitait à 1,14 % en moyenne par année[22]. Il faut voir ici en partie l'effet de transporteurs transatlantiques mieux équipés et plus rapides. Mais, l'explication se trouve surtout dans l'influence combinée du poids grandissant des métropolitains dans la population totale[23], l'effet de démonstration des supermarchés, le système d'éducation, et la transformation concomitante de l'alimentation populaire[24]. Probablement ce dernier facteur est-il le plus important, soumis qu'il est aux deux premiers.

Enfin, signalons que dans une étude des changements en cours dans la Caraïbe, Irene Howkins a dressé un tableau qui démontre que, dans l'ensemble des 21 territoires considérés, la Martinique est celui où l'écart entre importations et exportations s'est le plus creusé entre 1960 et 1972, les premières augmentant d'au moins 268 % et les secondes de seulement 41 %[25].

3. *DISTINCTION EN DEUX CATÉGORIES DE LÉGUMES IMPORTÉS*

Dans la recherche de solutions au problème des importations, on a été amené assez tôt à faire la distinction entre « denrées susceptibles d'être produites sur place » et celles qu'il faudrait continuer d'importer[26]. Cette distinction ne reprenait pas celle déjà existante entre vivrières et maraîchères. En fait, si les cultures maraîchères ont été introduites relativement récemment par rapport aux vivrières[27], elles sont cultivées en Martinique depuis assez longtemps[28]. Pareillement, des produits alimentaires importés se sont parfois substitués aux « légumes du pays » ; c'est notamment le cas de la pomme de terre, qui chaque année compte pour plus de la moitié des légumes importés. Au total, les denrées susceptibles d'être produites sur place « ne comprennent pas que de gros légumes traditionnels ; plusieurs « légumes-France » entrent dans cette catégorie.

À l'étude du tableau des importations (Tableau 2), il nous apparaît difficile de croire qu'on ait pu écrire « qu'aux Antilles les productions vivrières commercialisées localement se situent sensiblement au niveau de la consommation : les importations intéressent principalement des productions ne poussant pas sur place[29] ». La liste des « denrées susceptibles d'être produites sur place ne peut pas être dressée sans peine » ; mais, elle comprend au moins « des denrées qui sont insuffisamment produites sur place [...] ou qui viennent compléter une production locale rendue défaillante par la saison[30] ». Pour ne rien dire des revalorisations possibles de cultures dont la demande a fléchi au profit d'aliments importés (*v.g.* fruit à pain, igname, etc.).

4. *LES « PLANS »*

Malgré une longue expérience historique de l'incapacité des cultures d'exportation à asseoir sur des bases solides l'économie agricole de la Martinique, les divers « Plans » ont poursuivi inlassablement leurs efforts dans la même direction. Pour le Cinquième Plan (1966-1970), les cultures vivrières, maraîchères et fruitières se présentaient comme des « cultures complémentaires[31] », alors que l'essentiel continuait d'être assuré par les cultures d'exportation. Ironiquement, les auteurs remarquaient que « les problèmes posés par les activités complémentaires n'ont été abordés « que très récemment aux Antilles[32] ». Le Sixième Plan (1971-1975) avoue candidement les échecs de son prédécesseur à ce chapitre[33] : il va même jusqu'à parler de régression à l'égard de certaines productions « du fait de l'évolution du goût du consommateur qui se détourne [...] des légumes vivriers aux Antilles au profit de la pomme de terre...[34] » Mais, cette touche humaine est bien la seule à ce sujet, puisque ce Sixième Plan ne se propose rien moins que d'effectuer « le passage d'une agriculture de main-d'œuvre à une agriculture compétitive[35] ». Il faudra attendre longtemps avant qu'on se pose le problème fondamental des conditions qui sont faites aux petits exploitants, de l'état profond de marginalité auquel on n'a cessé de les acculer.

Se plaçant dans la perspective froide de l'objectif d'une agriculture compétitive, les ingénieurs Ducroquet et Sturm ont tracé le portrait du petit producteur en 1971 :

> Le producteur a un niveau technique faible. De ce fait, il a des coûts de production élevés et des rendements bas. La situation de pénurie le favorise dans la mesure où seuls des prix élevés peuvent lui permettre d'obtenir un revenu décent. Toutes choses restant égales par ailleurs, le développement de la production se traduirait pour lui par une baisse des prix et une non rentabilité de son exploitation, à moins qu'il ne compense, par un accroissement de productivité sensible, le manque à gagner provenant de la baisse du prix d'achat de sa production. Cette augmentation de productivité ne peut être le fait que d'exploitants techniquement mieux préparés.
>
> La prise en charge de la production locale par les maraîchers les plus entreprenants et les plus aptes se traduirait par le déve-

TABLEAU 2

Importations de légumes et plantes potagères (en tonnes métriques)

Frais ou réfrigérés	66	67	68	69	70	71	72	73	74	75	76
Pomme de terre	4 238	4 278	4 316	4 857	4 854	4 549	5 476	5 354	5 230	5 119	5 799
Carottes	243	270	182	273	270	160	114	214	54	15	41
Navets	9	6	4	8	4	1	0,3	5	1	1	
Oignons	1 418	1 501	1 540	1 802	1 778	1 991	1 776	1 964	1 854	1 919	2 153
Aulx	222	226	237	279	287	339	320	31	341	321	401
Poireaux et autres alliacées	43	41	38	70	76	38	23	44	14	5	5
Autres racines comestibles	171	186	177	60	40	19	4				
Laitue pommée (salades)		7	9	20	13	14	12		6	12	25
Chicorée Witloof (salades)	6	10	4	5	11	4	3	3			
Salades autres (salades)	1	8	1	7	7	2	2	5	4		1
Tomates	54	106	59	80	87	29	20		18	21	22
Choux (choux)		76	62	153	56	55	33	57	15	4	12
Choux-fleurs (choux)	16	14	6	14	12	10	17	9	2		0,3
Artichauts	7	5	4	5	4	1	3	0,2			
Céleris-raves	2	2	1	2	2		0,7	0,1	1	6	1
Légumes à cosse	31	26	7	2	13			326			1
Autres légumes	157	179	230	406	827	1 341	1 063	1 306	820	1 838	1 114
	6 639	6 944	6 891	8 047	8 374	8 552	8 863	8 992	8 359	9 255	9 575
Cuits ou congelés		8	3	5	3	13	10	30	18	18	25
Présentés dans l'eau salée, souffrée, etc.		1		1	2			2			2
Désséchés	1		1	1	3	1	3	3	17	28	35
Légumes à cosse écossés	2 270	2 166	2 078	1 980	1 970	2 044	1 975	2 020	1 770	1 752	2 061
Total	8 910	9 119	8 973	10 034	10 352	10 610	10 851	**11 047**	**10 164**	11 053	11 698

> loppement d'un salariat important dans ce secteur et la nécessaire reconversion vers d'autres spéculations des exploitants les moins compétitifs. Le consommateur serait certes favorisé, mais un problème social aigu serait posé[36].

La nature du problème social entrevu n'est pas explicité. Mais, il ne fait aucun doute que dans la compétition les conditions sociales qui ont été créées et volontairement maintenues depuis 1848 favorisent en partant les bénéficiaires traditionnels de ces conditions sociales. Les « laissés pour compte », soit les petits exploitants, sont nettement désavantagés au départ et risquent de glisser inéluctablement dans le salariat. Encore une fois, les grands planteurs pourraient réussir à récupérer à leur avantage une mesure progressiste de l'Administration. Quand on veut fermer les yeux sur l'inégalité des chances, il est facile de se replier derrière la froide objectivité de l'analyse scientifique pour assurer le maintien de ses privilèges. D'ailleurs, on pourra peut-être freiner éventuellement le mouvement d'appropriation des sols par les Antillais, mais il est fort douteux qu'on puisse faire marche arrière ; le petit exploitant accepte le salariat temporaire comme appoint, mais il ne renoncera pas à la propriété pour se retrouver dans l'insécurité inhérente au salariat permanent.

Pourtant, le Septième Plan (1976-1980) entend marquer une rupture avec les précédents. Il « recherche la construction d'un véritable appareil de production et de commercialisation... » ; il veut promouvoir « la production locale de biens de consommation afin de réduire les importations massives de produits similaires[37] ». Il réclame « des mesures spéciales » de protection de la production locale[38]. Plus particulièrement, « pour ce qui est des productions de base approvisionnant le marché local (maraîchères, vivrières, élevage), le développement et la régularisation des apports nécessitent une organisation de la profession et la mise en place des infrastructures indispensables (centre de transit pour fruits et légumes...)[39] : « outre un développement indispensable de l'activité des groupements de producteurs, seuls capables d'assurer un approvisionnement régulier et une coordination des importations avec la production locale, les circuits de distribution devront être rationalisés[40]. » Au total, le Septième Plan accorde à l'autoapprovisionnement une place d'égale importance avec la production de cultures d'exportation, ce qui représente un net progrès par rapport aux plans antérieurs. Mais, en restant à distance des structures de production agricole, il n'envisage aucun moyen de réhabiliter la masse des petits exploitants agricoles. Faut-il en conclure qu'il endosse l'approche de compétitivité du Sixième Plan ? Si tel était le cas, ses chances de mobiliser leurs énergies dans un effort commun pour la réalisation de l'objectif mis de l'avant seraient minces.

5. *CONCLUSION*

L'aboutissement de la planification apparaît heureux. Au siècle dernier, on a tenté de susciter l'autoapprovisionnement de la Martinique en astreignant les grands planteurs à cultiver des vivrières. Cette fonction a été par la suite presque entièrement prise à charge par les petits exploitants, qui en ont fait leur spécialisation propre. Mais, dans leur optique, la dimension d'autoconsommation primait sur celle d'autoapprovisionnement pour le pays. Ils ne produisaient pas d'abord pour le marché ; ils ne faisaient qu'écouler leurs surplus sur le marché. Quels obstacles les empêchaient de franchir ce pas et de devenir de véritables fournisseurs du marché ?

Au fond d'eux-mêmes ils ressentaient amèrement l'état de marginalité où ils se trouvaient réduits. Comme l'a remarqué Bernissant, le pays était devenu « un immense champ de canne et une énorme usine[41] ». Puisque toutes les énergies se voyaient canalisées par cette « usine », le reste n'était que du simple à-côté, de l'appoint occasionnel. Les invitations successives de l'Administration à l'autoapprovisionnement ne s'adressaient pas à eux ; ils ne se sentaient pas concernés.

Les effectifs des petits exploitants ont grossi, parce que l'administration a nettement favorisé l'accès à la propriété individuelle. Mais, alors que dans son esprit cette politique visait à favoriser un fonctionnement continu de l'« usine », jugée comme le fondement de l'économie du pays, les salariés qui accédaient à la propriété recherchaient davantage la sécurité qu'elle leur procurait et l'indépendance à l'égard de l'« usine ». Se sentant perçus comme des marginaux, ils le sont effectivement devenus aux yeux des grands planteurs et des technocrates. Mais dans le repli qu'ils ont effectué sur eux-mêmes, ils ont créé une nouvelle forme d'agriculture bien à eux, qui les met à l'abri des aléas de l'économie du pays. Ils ont réussi à être originaux malgré l'infériorité dont ils étaient victimes.

La distinction traditionnelle des activités agricoles entre activités d'exportation et activités d'autoapprovisionnement s'est peu à peu doublée d'activités à forte technicité et d'activités à faible technicité. Les administrateurs et les technocrates étaient sans doute conscients qu'un certain nombre de grands planteurs poursuivaient leurs activités avec une faible technicité et qu'un certain nombre de petits expérimentaient avec une technicité à la hausse. Mais, puisque leurs préférences allaient au modèle d'utilisation du sol reposant sur une forte technicité, ils avaient du mal à cacher leur désir de voir la fonction d'autoapprovisionnement confiée aux grands planteurs. Et comme cette tendance allait dans le sens des structures sociales existantes, ils ne se souciaient pas des effets débilitants qu'elle exerçait chez les petits exploitants. Ainsi, au terme de ce survol, nous rejoignons les constatations déjà faites ailleurs[42].

Il serait regrettable que les planificateurs de l'avenir de la Martinique commettent à nouveau l'erreur d'aller chercher à l'extérieur du pays des idées nouvelles, sans tenir compte du répertoire d'expériences péniblement acquises par les Martiniquais eux-mêmes[43]. L'autoapprovisionnement de la Martinique ne pourra pas se faire sans l'apport des petits exploitants ; s'il veut réussir, il doit se situer dans le prolongement du modèle qu'ils ont mis au point. Mais, pour parvenir à les mobiliser dans ce prolongement, il est essentiel de les bien connaître. C'est à cette connaissance que le présent travail veut contribuer.

Durant la Conférence de l'agriculture de 1976, une liste de onze « causes de l'insatisfaction des agriculteurs devant leurs conditions de vie actuelles » a été dressée. Aucune hiérarchie de ces causes n'a été élaborée, de sorte qu'on n'a pas essayé de dégager la plus fondamentale, celle qui est à la racine de toutes les autres. Sans doute, si on avait considéré les petits exploitants individuellement, aurait-on constaté que « l'existence d'un véritable complexe d'infériorité, dû à la condition même de l'agriculture[44] » conditionne toutes les autres. La proposition qui aurait alors pris le pas sur toutes les autres aurait été celle qui traite de « l'organisation de toutes actions psychologiques de nature à revaloriser la condition d'agriculteur et à supprimer chez l'exploitant comme chez l'ouvrier agricole tout complexe d'infériorité[45] ». La nécessité de cette revalorisation avait été soulignée auparavant par les auteurs du SAM (Schéma d'aménagement de la Martinique) : « Il n'est de richesse que d'hommes [...] — rappelaient-ils — c'est donc par eux que passent la réussite de l'avenir et la revalorisation socio-psychologique des activités du milieu rural[46]. » Mais, la Conférence semble avoir refusé de faire ce que d'autres pays — c'est notamment le cas de la Barbade[47] — font sans arrière-pensée, considérer séparément le cas des petits exploitants et celui des grands.

3

Modèles d'utilisation du sol et images mentales correspondantes

Dans la perspective actuelle de recherche, le petit exploitant agricole est conçu comme un preneur de décision[1]. Le paysage agricole apparaît comme la résultante de multiples décisions prises par les exploitants. L'impact de ces décisions sur ce paysage est différent selon qu'on se trouve en territoire où domine la grande exploitation, ou bien dans des zones de petites exploitations. Si l'on comprend assez bien aujourd'hui le mécanisme de la prise de décision dans la gestion des grandes exploitations, on ne peut en dire autant de celui qui préside à la formation du paysage en zones de petite exploitation, surtout dans le tiers monde. Une évaluation de cette déficience a été faite à la suite d'un colloque consacré aux problèmes agraires des Amériques latines en 1965 par Maria Isaura Pereina de Tuerrox qui remarquait que

> ... si les travaux présentés nous ont donné une bonne connaissance du genre de vie socio-économique des paysans et des agriculteurs, ils n'ont que rarement touché le problème des comportements, des attitudes, des valeurs sociales et de la vision du monde, qui constituent l'aspect non matériel de leur vie[...] À de très rares exceptions près, la psychologie sociale et la sociologie de la connaissance ont été absentes des communications. Or, valeurs et images idéales ont des conséquences certaines sur le comportement des individus, elles déterminent leur acceptation ou leur refus des éléments nouveaux, elles guident leur choix et leur interprétation. D'autre part, elles sont le produit de la vie sociale qui déteint sur elles. Elles peuvent donner naissance à des justifications de l'ordre social qui empêchent les individus de changer...[2]

Cette négligence n'a rien d'étonnant en soi. Pendant longtemps la recherche a été dominée par la dichotomie de l'archaïque et du progressif, du traditionnel et du moderne, d'agriculture à faible technicité et d'agriculture à forte technicité. Les concepts de l'archaïque ou du traditionnel se définissaient par opposition avec le progressif et le moderne. Pourtant, les préoccupations actuelles, éveillées par les constatations de la dégradation continue de l'environnement, nous ont forcés à revoir cette dichotomie. Ce que nous qualifiions autrefois d'archaïque était bien souvent en équilibre écologique avec l'environnement ; et ce que nous considérions comme progressif s'est souvent avéré par la suite en déséquilibre écologique avec l'environnement. De la sorte, nous avons été amenés à réétudier avec un éclairage nouveau des réalités que nos catégories avaient condamnées. La petite exploitation agricole en milieu de plantation aux Antilles en est un exemple saisissant.

Plus la taille d'une exploitation agricole est grande, plus les variables de rentabilité économique ont tendance à s'imposer dans la façon d'utiliser le sol. À l'inverse, on peut dire que plus l'exploitation agricole présente une taille restreinte, plus les variables d'ordre psychosocial exercent une influence marquée dans l'utilisation du sol. Pourtant, il fut un temps où ces variables d'ordre psychosocial se confondaient avec le potentiel et les contraintes de l'environnement. L'harmonie écologique qui en résultait risque aujourd'hui d'être perturbée alors que l'environnement change rapidement, surtout dans ses dimensions socio-économiques et politiques. C'est sans doute ce qui se produit chez le petit exploitant agricole de Martinique depuis la départementalisation de 1946. Tout se passe comme s'il était conscient d'avoir perdu une bonne partie du contrôle qu'il exerçait auparavant sur son environnement[3]. Grâce à sa situation dans les « mornes », c'est-à-dire à l'écart de la surveillance des grands planteurs, son environnement en était venu à se définir essentiellement par le milieu naturel. Il avait alors pu apprendre à loisir cet environnement physique et s'y adapter. Mais, peu à peu, et surtout depuis la départementalisation, les forces économiques et politiques l'ont rejoint dans son refuge. Le petit exploitant cherche encore comment s'ajuster à ce nouvel environnement où les forces de la nature ne sont plus dominantes. Il est présentement en train de refaire son équilibre avec cet environnement.

1. LES MODÈLES D'UTILISATION DU SOL

Le petit exploitant agricole ne s'est pas improvisé agriculteur. Il est l'héritier d'une tradition agricole dont les origines sont à retracer en Afrique, en Europe et aux Antilles mêmes. Cette tradition, née et entretenue dans un environnement dont les composantes socio-économiques étaient particulièrement oppressives et les traits physiques à la fois rébarbatifs et difficilement prévisibles, renferme des éléments d'une adaptation bien réussie. Le petit exploitant antillais qui avait pu se réfugier à l'intérieur montagneux des îles était parvenu à vivre en une sorte d'équilibre écologique avec son environnement. Le modèle d'utilisation du sol que le petit exploitant agricole reproduit spontanément est calqué sur la végétation environnante ; il se caractérise principalement par un indice élevé de diversité des cultures[4], qui réduit au minimum les risques inhérents à un régime pluviométrique quasiment imprévisible, ainsi que ceux de l'épuisement des sols particulièrement délicats en milieu tropical. Le petit exploitant est conscient que ce modèle, issu de nombreuses années d'expérience où les erreurs entraînaient misère et pauvreté, présente des garanties pour l'avenir. Rien d'étonnant à ce qu'il y soit attaché et veuille le retenir !

Dans ce pays de monoculture, la petite exploitation agricole n'a longtemps bénéficié que d'une tolérance ; on ne lui a jamais permis de vivre pour elle-même. L'environnement socio-économique qui privilégiait la monoculture n'a cessé d'exercer des pressions sur elle ; et l'irruption de la société de consommation, accélérée par la départementalisation, n'a fait qu'accentuer ces pressions. Le modèle d'exploitation agricole à faible indice de diversité des cultures a toujours existé en Martinique ; mais, même s'il a toujours été présenté comme plus désirable que le précédent, il n'en est pas moins resté associé avec les exploitations de moyenne ou de grande taille. Ce n'est qu'avec l'avènement de l'accès au crédit, des dédommagements versés pour les pertes causées par les désastres naturels, et de la disponibilité des engrais, des pesticides et des insecticides, que les petits exploitants agricoles ont commencé à introduire des modifications dans leur modèle d'utilisation du sol. Ils sentaient que ces divers intrants artificiels pouvaient leur permettre de corriger le déséquilibre qu'introduisait dans l'utilisation du sol l'abaissement de l'indice de diversité des cultures.

Dans le modèle écologique, l'indice de diversité élevé s'applique tout aussi bien aux cultures vivrières qu'aux arbres fruitiers. Mais, plus l'exploitation est petite de taille, plus l'emprise des arbres fruitiers s'accentue. Cette emprise se réalise graduellement au cours des années. Elle grandit à mesure que l'exploitant vieillit. Il la considère comme un investissement sûr. Il continuera à produire des cultures vivrières, et même maraîchères, aussi longtemps que ses forces ne lui feront pas défaut. Sa compagne se chargera toujours d'écouler les surplus chaque fois qu'il en aura ; mais, la production restera essentiellement axée sur l'autoconsommation. Il aura toute la latitude et souvent même sera obligé d'exercer un métier ailleurs, ou tout simplement occuper un emploi à l'extérieur. Ainsi, le fait de disposer d'un lopin de terre, où la succession des utilisations du sol au cours des années débouche éventuellement sur un climat où domine une variété d'arbres fruitiers s'accompagne d'un profond sentiment de sécurité et d'indépendance qu'aucune autre utilisation du sol ne peut procurer[5].

Par ailleurs, l'exploitant agricole qui opte pour le modèle économique mise sur une ou deux cultures et escompte le profit le plus élevé possible. Vivant dans la tradition du premier modèle, il n'en choisit pas moins délibérément un faible indice de diversité des cultures, en sachant très bien qu'il devra compenser cette faiblesse par l'abondance des intrants. Le risque encouru est grand, il le sait, mais le profit envisagé en vaut la peine. Les intrants nécessaires l'obligent à recourir au crédit. D'un côté, la main-d'œuvre dont il a besoin à certains moments s'avère difficile à trouver, exige qu'on lui paie des sécurités sociales, et n'a souvent pas le cœur au travail ; et de l'autre, le coût des engrais ne manque pas d'absorber une bonne partie des crédits obtenus. L'endettement le sensibilise à l'imprévisibilité du régime pluviométrique ; il se sent à la merci des caprices de la nature. Et quand la récolte arrive, les prix qu'on lui offre lui apparaissent souvent dérisoires par rapport aux efforts consentis. Ainsi tout au long du processus, depuis l'ensemencement des terres jusqu'à la fin de l'écoulement des produits, il aura ressenti profondément le déséquilibre écologique que le modèle économique d'utilisation du sol a introduit dans son environnement. Et chaque année la même expérience devra être répétée. Sans doute verra-t-il au fil du temps ses économies augmenter ! Mais il n'en souffrira pas moins de ne pas saisir toutes les composantes de son environnement. Et s'il éprouve un ressentiment intense à l'égard des contraintes nombreuses qui pèsent sur lui, il est aussi capable de préciser l'utilisation qu'il ferait de son sol s'il était davantage maître de son environnement. L'agriculture est devenue pour lui une source de tracas qui le fait vivre dans l'insécurité continue.

Nous retrouvons sur la petite exploitation deux modèles d'utilisation du sol, dont l'un est fondé sur l'équilibre écologique et l'autre apparaît par comparaison beaucoup plus artificiel. Nous désignerons dorénavant ces deux modèles par les épithètes qui les caractérisent le mieux, c'est-à-dire « écologique » pour le premier, et « économique » pour le second. Le petit exploitant vit au fond de lui-même le conflit qui caractérise de plus en plus le monde moderne. Ce monde qui s'est laissé guider exclusivement pendant longtemps par les exigences de l'économie a récemment redécouvert les vertus de l'écologie. Le petit exploitant a fait un chemin inverse : il a d'abord expérimenté les avantages d'une approche écologique, avant de ressentir l'attrait de l'approche économique.

Chacun de ces deux modèles a ses détracteurs. Le modèle écologique est apparu sur les terres les plus accidentées et les moins accessibles, qui avaient été délaissées par les grandes plantations. Dans cette perspective, on peut le considérer comme avilissant pour l'homme moderne, parce qu'il est un produit d'un environnement oppressif. La ligne des 100 mètres qui sépare les territoires de la grande propriété de ceux de la petite[6] a inscrit dans l'environnement physique les privilèges de la première et la marginalité de la seconde. Pourtant, il faut bien admettre que les différences de climat et de reliefs entre les deux territoires prédisposaient l'environnement à un partage entre types d'agriculture. Indépendamment du régime socio-économique environnant, la zone située au-dessous des 100 mètres continuera à offrir « les meilleurs potentialités agricoles tant par les sols que par le relief et le climat », et les zones au-dessus à exercer « peu d'attrait »[7], la mécanisation des opérations restera possible dans la première et difficile sinon impossible dans la seconde ; et il est même probable que les cultures d'exportation continueront d'occuper les terres basses tandis que les cultures de consommation locale devront rester sur les hautes terres[8]. Mais, la ligne de partage présentement identifiée avec la courbe de niveau des 100 mètres n'a rien d'inéluctable ; elle pourrait ou bien remonter ou bien redescendre selon les décisions prises par les politiciens. Il serait même souhaitable qu'elle descende. Par ailleurs, si l'on considère que le modèle économique repose sur une philosophie de l'homme d'origine européenne, aucun des deux modèles n'est la résultante de forces proprement internes agissant librement dans le sens de la personnalité antillaise. Il serait ainsi bien difficile de dire lequel des deux modèles est le plus aliénant.

Il ne faut pas voir dans le modèle écologique qu'une simple soumission aux forces de l'environnement. Il présuppose au contraire une connaissance intime de l'environnement, pour l'utiliser sans le mettre en péril. L'individu se crée une « niche » en causant un minimum de dérangement dans un équilibre délicat entre les éléments qui concourent à le maintenir. Il s'agit donc d'une soumission active et intelligente, d'une insertion calculée dans l'environnement. Par ailleurs, il apparaît de plus en plus douteux que le modèle économique se caractérise par un contrôle rationnel de l'environnement. Il est vrai que la science et la technologie modernes ont donné à l'homme les moyens de dominer son environnement. Mais, depuis que les conséquences négatives de son intervention ont commencé à diminuer la qualité de cet environnement de façon sensible, on s'interroge sérieusement sur la validité des prétentions du modèle économique.

2. *CHOIX FAIT PAR LA SOCIÉTÉ ENTRE CES DEUX MODÈLES ET COMPLEXE D'INFÉRIORITÉ CHEZ LE PETIT EXPLOITANT AGRICOLE*

Le choix fait par les responsables de l'économie n'est pas ambigu. Si dans un système économique l'on change de façon drastique un sous-système comme celui de la demande, il faut s'attendre à ce que le sous-système correspondant, celui de l'offre, se révèle inadéquat. Il devient alors nécessaire ou bien de le modifier pour le rendre capable de répondre à la demande, ce qui peut se faire en rompant ou en ne rompant pas avec les formes traditionnelles de production selon le type de modernisation privilégié, ou ouvrir le système pour qu'il s'approvisionne de l'extérieur. Dans un contexte de dévalorisation de la petite agriculture, il était logique de favoriser cette dernière solution. Pourtant, dans le tiers monde actuel, on est de plus en plus sensibilisé aux risques de dépendance accrue à l'égard des pays développés inhérents à cette solution. Plus particulièrement dans la Caraïbe, les expérimentations en cours démontrent que la question n'est plus de savoir s'il faille rejeter ou non cette solution : les orientations choisies ou proposées révèlent qu'elle est dorénavant carrément rejetée. Plutôt se demande-t-on si l'approvisionnement alimentaire des pays de la Caraïbe doit se faire dans la continuité historique en incorporant les améliorations que la science rend possibles ou bien dans une rupture avec ce passé par la création d'une forme toute nouvelle de production !

La réponse apportée à cette question dépend directement de l'image qu'on se fait du petit producteur agricole. Plus cette image est négative, plus on insiste sur le manque de productivité de cet exploitant, et plus on opte pour une solution de rupture avec le passé. Par ailleurs, plus cette image est positive, plus on considère la petite exploitation agricole existante comme productive, et plus on penche vers une solution de continuité historique.

Mais cet exploitant qu'on n'avait cessé d'inférioriser et qu'on voudrait maintenant revaloriser, le connaissait-on bien ? Savait-on clairement quel type d'agriculture il voulait pratiquer ? Avait-on approfondi par des études sérieuses sur le terrain les avantages et les faiblesses de ce type d'agriculture ? Il faut bien admettre qu'on n'avait à son sujet que des idées vagues, teintées de grossiers préjugés. Personne surtout ne pensait remettre en question les postulats mêmes sur lesquels s'appuyaient les décisions officielles en rapport avec la petite exploitation agricole. Ces postulats mettaient pourtant en cause la rationalité de son comportement et par le fait même sa dignité humaine. Le complexe d'infériorité qu'on regrettait de trouver en lui était une création de sa société d'appartenance, dont elle ne semblait même pas avoir conscience.

3. *LE CHOIX DES PETITS EXPLOITANTS AGRICOLES ENTRE CES DEUX MODÈLES*

La continuité dans l'utilisation du sol entre les deux modèles polaires rend possible la réalisation sur le terrain d'une vaste gamme d'utilisations du sol plus ou moins hybrides. Dans la réalité, ces deux modèles n'existent pas à l'état pur. Depuis le glissement du modèle économique vers les exploitations de petite taille à partir des exploitations de taille supérieure, les interférences ont nécessairement été nombreuses entre les deux modèles. Certains traits de l'un peuvent se retrouver sur une même exploitation en symbiose plus ou moins bien réussie avec des traits de l'autre. De sorte que, sur la plupart des exploitations, l'utilisation du sol qu'on y observe est plutôt mixte, avec une dominante des traits de l'un ou de l'autre modèle. Cette hybridité de fait explique sans doute pourquoi aucune étude n'a encore été tentée pour faire une présentation sérieuse de ces modèles.

Effectivement, si ces modèles n'ont pas d'existence propre, ils n'existent que dans l'esprit. Ils sont des créations mentales complexes qui expriment les attitudes et les valeurs des exploitants. Ces créations correspondent à ce que la recherche actuelle désigne du nom de « cartes mentales ». Mais, elles s'en distinguent, en ce sens qu'elles ne se limitent pas à être de simples représentations de l'environnement. Elles comportent aussi une dimension d'optimalité, de sorte qu'elles sont plutôt des représentations de ce que devrait être l'environnement ; elles incorporent les aspirations non encore réalisées des individus. Nous nous pencherons donc, dans un premier temps, sur cette notion de « carte mentale ». Et, dans un deuxième temps, nous clarifierons le trait caractéristique de ces cartes mentales particulières que sont les deux modèles déjà mis de l'avant.

Chaque petit exploitant n'a qu'un seul modèle mental d'utilisation du sol. Mais sans doute l'unanimité d'autrefois dans le modèle dit écologique est-elle aujourd'hui ébranlée, et beaucoup se sont-ils déjà engagés dans la voie qui mène au modèle de type économique ! Ainsi, le modèle de chaque petit exploitant se situe-t-il quelque part sur le continuum entre les deux modèles polaires !

3.1 Carte mentale

Le concept de « carte mentale » est une originalité de la géographie. Comme toute recherche qui s'effectue en milieu ouvert où le contrôle sur les variables est très compliqué, celle qui a porté sur la « carte mentale » a été entachée de lenteurs et d'imprécisions. Depuis le jour en 1966 où Peter Gould a établi son existence et ses fonctions[9], de nombreux auteurs ont repris la question, surtout sous l'angle de la cartographie cognitive[10]. Le géographe Roger M. Downs et le psychologue David Stea ont fait en 1977 une synthèse remarquable des travaux réalisés jusqu'à ce jour[11].

Pourtant, il est important de constater que tous ces travaux ont porté sur la représentation cognitive en milieu urbain[12]. Rien d'étonnant à cela, puisque ces milieux sont davantage soumis à la désarticulation entre l'individu et son environnement ! Un espace occupé par un grand nombre de gens comme une ville se prête spontanément à l'étude de l'image mentale de ces gens, comme l'a découvert Kevin Lynch en 1960[13]. Mais, nous avons tendance à oublier que la désarticulation entre l'individu et son environnement s'est fait d'abord sentir en milieu rural ; si tel n'était pas le cas, l'exode rural serait sans doute beaucoup moins aigu qu'il ne l'est, et le problème urbain n'accuserait pas la gravité qui le caractérise.

Peter Gould l'avait sans doute pressenti, lui qui déjà en 1963 faisait paraître un travail fondamental en géographie du comportement entièrement axé sur les problèmes de décision auxquels font face les petits exploitants agricoles du tiers monde[14]. Mais, l'approche adoptée faisait de ces exploitants des gens qui se comportaient de façon infrarationnelle. L'ouvrage de Found paru en 1971 est une adaptation des études de comportement au milieu rural[15], mais il s'applique davantage aux exploitants agricoles des pays développés. Ainsi, l'étude de la prise de décision face aux changements nombreux du monde actuel n'a vraiment pas encore été abordée auprès des petits exploitants agricoles du tiers monde, qui pourtant comptent pour plus de 80 % des exploitant de ces pays. Beaucoup d'entreprises ont échoué « parce qu'elles ont manqué de sensibilité à l'égard des taxonomies populaires locales[16] ».

Tout comme le citadin, le rural reçoit des informations (des stimuli) en provenance des champs géographiques qui l'entourent ; il les transforme, les codifie, et les emmagasine ; et selon ses besoins, il pourra les rappeler au niveau de la conscience pour fin d'utilisation. La carte mentale est une façon d'emmagasiner l'information que fournit l'environnement géographique[17].

> Les cartes mentales — écrivent Beck et Wood — sont des croquis créés par des sujets en état d'expérimentation. La carte croquis est une représentation, un dessin, en dernière analyse une forme d'écriture, qui comme tout autre système d'écriture, vise en fin de compte une forme quelconque de communication[18].

Mais la carte mentale n'est pas qu'un simple miroir, comme le précisent les mêmes auteurs :

> Elle représente activement l'intentionnalité de l'organisme, dont elle souligne, organise et facilite les multiples fonctions [...] dans la mesure où la carte mentale est une organisation de l'expérience passée, elle n'est pas seulement une base constituée de

> données servant aux déplacements dans l'environnement, mais de façon plus critique un programme qui organise la recherche, le choix et la création d'informations géographiques à venir[19].

Ainsi, elle est tournée vers l'avenir aussi bien que vers le passé.

3.2 Optimalité

La carte mentale de chaque individu apparaît donc comme une sorte de programme, comparable à ce que les spécialistes de la systémique appelle performance souhaitée. Elle organise la recherche de l'information géographique, fait une sélection, et aboutit à une véritable création nouvelle. Elle comprend donc une composante d'optimalité ou d'idéal. Dans ce sens, on peut parler d'une géographie de l'idéal.

Le besoin d'une géographie de l'idéal a déjà été démontré en rapport avec le phénomène des migrations. Il s'agit d'un phénomène qui ne peut s'expliquer par le seul jeu des forces économiques ou simplement par la recherche de la liberté :

> Les attraits de cet ordre — écrit James E. Vance — ne définissent pas tout à fait les attirances de l'autre objectif, la recherche d'une vie plaisante, qui ni ne vient en second lieu ni n'est un compromis, mais constitue l'idéal dans l'esprit de celui qui cherche[20].

Le concept d'idéal n'a pas d'expression concrète absolue :

> ... il est délibérément relatif — poursuit Vance — parce que ainsi nous atteignons un niveau de généralisation capable de générer un grand nombre d'expressions d'un même processus. Pour certaines gens, peut-être la plupart d'entre nous, l'idéal d'une vie plaisante se rencontre dans une existence ordonnée où l'on retire satisfaction de son engagement et de sa participation constructive dans un groupement social étendu et complexe [...] Et pour d'autres, peut-être une majorité des tenants de l'écologie radicale et de l'existentialisme, l'idéal réside dans la simplification des associations humaines à l'intérieur d'une petite communauté préoccupée de biologie et dans la concentration de l'attention sur les intérêts et les normes des individus [...] Ce contraste des idéaux aide considérablement à expliquer le choix d'un lieu de résidence effectué en accord avec l'image d'une vie plaisante[21].

Ainsi l'idéal incorporé dans une carte mentale d'un individu peut-il trouver à s'exprimer dans le concret de multiples façons. Vance a démontré qu'il en a été ainsi à l'égard de la Californie, qui a connu plusieurs idéalisations avant celle d'un endroit où il fait bon vivre.

Ce qui vaut pour les migrations s'applique aussi aux paysages. Tout comme on peut comprendre mieux le phénomène migratoire par le biais des images mentales, on est plus en mesure de prévoir les paysages susceptibles d'émerger si l'on tient compte de ces images. Car, selon Lowenthal et Prince ce sont les goûts des gens qui façonnent les paysages[22] ; et « c'est vers ce que les gens perçoivent comme idéal — commente Saarinen — qu'ils se trouvent à tendre en transformant leur paysage[23] ».

En terrains de petites exploitations agricoles dans le tiers monde, le paysage est façonné par l'utilisation que font les exploitants de leurs espaces. Ils visent nécessairement une utilisation qui se rapproche le plus près possible de l'image qu'ils ont dans l'esprit de ce que devrait être une utilisation satisfaisante. L'optimalité qui la caractérise est donc définie par les exploitants eux-mêmes. Il ne s'agit pas d'utilisation optimale au sens classique de ce mot, où le rendement maximal, calculé en fonction de l'obtention du plus grand profit possible, figure comme critère dominant. Selon les expressions de Julian Wolpert, l'exploitant n'est pas un «*optimizer*» dans ce sens ; il est au contraire un «*satisfycer*»[24]. Ainsi sa carte d'utilisation optimale du sol représente-t-elle l'utilisation susceptible de lui fournir le plus de satisfaction, celle qui correspond le mieux à ses aspirations, ou à son propre idéal. Nous savions déjà que l'optimalité objective possédait une dimension spatiale qui la rendait cartographiable ; les cartes de Spark et Gould l'ont démontré avec clarté[25]. Mais, l'optimalité subjective, pourtant plus importante dans une perspective de mobilisation sociale, n'a fait l'objet que de rares études[26].

3.3 Réalité

Selon son éducation antérieure, à la lumière de l'information présentement à sa disposition, et en conformité avec ses aspirations actuelles, chaque exploitant agricole cherche donc à optimaliser l'utilisation de ses sols. Comme nous l'avons vu précédemment, le modèle d'optimisation qui est le sien se situe quelque part sur le continuum entre l'harmonie complète avec l'environnement naturel et l'augmentation des rendements essentiellement axée sur le profit maximal. Le choix qu'il fait se reflète éventuellement dans son comportement, c'est-à-dire dans l'utilisation réelle qu'il fait de ses sols.

Mais, la performance observée de l'exploitant, telle qu'elle ressort des cartes d'utilisation réelle du sol, s'écarte de celle souhaitée, telle que manifestée sur les cartes d'utilisation idéale de ce même sol. Toute optimisation implique que l'exploitant veuille bien donner son plein rendement. Or, personne ne s'engage ainsi à fond à moins de se sentir vraiment stimulé par l'environnement humain dans lequel il vit, c'est-à-dire son environnement socio-économique et politique. Sans doute cet environnement réussira-t-il rarement à être tellement stimulant que le rendement individuel en vienne à correspondre entièrement au rendement idéal exigé par l'objectif d'optimisation. Mais, tout comme dans les tests de stimulation on tend à rapprocher le comportement observé le plus près du comportement souhaité, la mesure de l'écart entre ces comportements témoignera de leur plus ou moins grand éloignement ou plus ou moins grande proximité.

4

Opérationnalisation de la recherche

Les objectifs de la présente recherche, exposés aux chapitres précédents, ne peuvent être atteints sans une opérationnalisation complexe. Dans le tiers monde, le problème posé par l'opérationnalisation d'une recherche s'avère souvent insurmontable. Le chercheur est trop souvent réduit à s'excuser de n'avoir pu employer les techniques scientifiques reconnues. Dans l'unique étude réalisée aux Antilles auprès des petits exploitants agricoles dans une perspective semblable à la nôtre, Barry Floyd n'a pu échapper à ces contraintes :

> Il n'était vraiment pas possible de recourir à un véritable échantillon aléatoire — écrit-il — ; on ne connaissait pas l'univers avec exactitude, on avait des contraintes de temps pour la recherche, et les problèmes d'identification des lieux, de leur accessibilité difficile, du mauvais temps durant la saison des pluies, entre autres, se seraient révélés insurmontables[1].

Mais, comme il sentait le besoin d'établir sa recherche sur un échantillon de répondants qui possède le plus possible de caractères scientifiques, il a formulé l'hypothèse que

> l'effort requis pour trouver des répondants à un questionnaire en milieu rural dans le tiers monde tropical comprend une forte incidence aléatoire [...] que tout le processus se compare avantageusement aux techniques statistiques orthodoxes qui servent à identifier et stratifier des populations, et à l'utilisation de tables de chiffres aléatoires[2].

Le chercheur familier avec les difficultés de la recherche dans le tiers monde pourrait difficilement ne pas être d'accord avec cette hypothèse. Pourtant, dans le cas de la Martinique, l'existence d'un recensement agricole bien fait[3] ne nous permet pas de nous appuyer entièrement sur cette hypothèse.

1. ÉCHANTILLON DE CONCENTRATIONS POUR LA PRÉENQUÊTE

Si les agents recenseurs ont dû en 1973 faire porter leurs efforts sur un échantillon d'exploitations agricoles[4], il ne pouvait en être autrement dans le cadre d'un projet entrepris par un chercheur individuel. Mais, diverses contraintes nous ont obligés à recourir à un type d'échantillonnage différent. Surtout la dispersion spatiale des exploitations qui auraient été ainsi sélectionnées aurait inévitablement amené à déborder nos disponibilités financières[5].

L'échantillonnage s'est effectué à deux niveaux différents et de deux façons différentes. Dans un premier temps, il nous fallait identifier les concentrations d'exploitations agricoles ou communautés de petits exploitants dans l'ensemble de la Martinique. Nous disposions à cet effet de deux sources de renseignements, qui chacune présentait un inconvénient sérieux. La *Carte de la structure foncière de la Martinique*[6] révèle de nettes concentrations de petites propriétés dont la configuration géographique n'avait rien de commun avec le découpage communal ; mais, pour des raisons méthodologiques, la petite propriété définie par l'auteur de cette carte comprend tout aussi bien les exploitations de taille moyenne (*i.e.* de 3 à 10 hectares) que celle de petite taille (*i.e.* inférieure à 3 hectares)[7]. Par ailleurs, les données au niveau communal fournies par le *Recensement agricole*[8] risquaient de nous induire en erreur, parce que leur décomposition entre les diverses classes d'exploitations selon les superficies n'étaient souvent pas présentées à ce niveau. La typologie de concentrations qui a finalement été retenue repose sur des critères qui situent la petite exploitation face à la grande propriété[9]. Les rapports de dépendance de la première à l'égard de la seconde peuvent être plus ou moins serrés ; la distance sociale, plus ou moins grande. Ces critères d'ordre social sont complétés de critères qui évaluent l'environnement physique (Tableau 3).

Les concentrations de petites exploitations dans la montagne du Vauclin et à Saint-Joseph constituent deux zones de polyculture ancienne, qui ont pris forme relativement à l'écart de la grande plantation. En plus de son isolement des courants dominants de mise en valeur, la montagne du Vauclin souffre de conditions climatiques difficiles caractérisées par une pluviosité déficiente ; au contraire, Saint-Joseph se situe sur une des routes qui ont été les plus achalandées avant la construction de l'autoroute entre Fort-de-France et Trinité, et à proximité même de Fort-de-France ; la pluviosité y est abondante et beaucoup plus prévisible. Aux deux extrémités de la typologie, le

TABLEAU 3

Critères de l'environnement

Distance sociale / Environnement	Proche	Intermédiaire		Loin
Pluviosité forte	1		3	4
Pluviosité faible		2		
Accès facile			3	4
Accès difficile	1	2		

1. Morne-des-Esses (Sainte-Marie)
2. Vauclin
3. Saint-Joseph
4. Morne-Vert

Morne-des-Esses dans la commune de Sainte-Marie et le Morne-Vert représentent par comparaison des zones de polyculture plus récente. En ces deux endroits, la petite exploitation occupe principalement des superficies qui dans un passé récent constituaient de grandes plantations. Dans le premier cas, la grande plantation, encore très visible dans le paysage environnant, continue de présenter une source d'emploi importante pour les petits exploitants, alors que jusqu'à l'ouverture du chemin départemental en 1974 ils souffraient d'isolement. Au contraire, la population du Morne-Vert subit davantage l'influence de Fort-de-France et de Saint-Pierre, et de ce fait se trouve en changement rapide.

La justesse de cette typologie peut être vérifiée ultérieurement en la rapprochant des données du RGA[10]. L'absence de décomposition des données au niveau communal nous oblige cependant à postuler que les moyennes communales pour les petites exploitations s'éloignent très peu des moyennes générales valant pour l'ensemble des exploitations du département à ce niveau sans distinction de superficie. Dans la mesure où ce postulat est acceptable, il devient intéressant de considérer les données se rapportant à l'activité du chef d'exploitation (Tableau 4).

Saint-Joseph ressort comme la commune où le poids des activités extérieures est le plus élevé (colonne c et d) ; dans les trois autres communes, la proportion de la population agricole qui exerce une activité extérieure est inférieure à la moyenne départementale (colonne d). Par ailleurs, dans l'ensemble des activités extérieures, il n'y a qu'à Sainte-Marie où l'agriculture apparaît comme dominante (colonne e) ; la moyenne communale y approche même du double de la moyenne départementale. À l'autre extrémité, au Morne-Vert, l'agriculture ne joue presque aucun rôle comme source d'activité extérieure (3,5 %), même si la part de la main-d'œuvre communale engagée dans des acti-

TABLEAU 4

Activité extérieure des chefs d'exploitation

	(a)	(b)	(c)	(d)	(e)
1. Sainte-Marie	51,5	103,3	154,8	20,7	53
2. Vauclin	28,2	80	108,1	18,3	18,2
3. Saint-Joseph	53	145,5	198,5	26,3	14,3
4. Morne-Vert	36	65,5	101,5	19,1	3,5
Martinique	45,9	61,5	107,4	21,4	29

(a) Chefs d'exploitation exerçant une activité extérieure par rapport au nombre global d'exploitations en (%).
(b) Membres de la famille des exploitants (les chefs mis à part) exerçant une activité extérieure par rapport au nombre global des exploitations (en %).
(c) Somme de a et b (en %).
(d) Proportion de la population agricole totale exerçant une activité extérieure (en %).
(e) Proportion des personnes (chefs d'exploitation et membres de leur famille) exerçant une activité extérieure, dont cette activité est en agriculture.

vités extérieures (19,1 %) s'écarte assez peu de la moyenne départementale. Le Vauclin et Saint-Joseph se situent entre ces deux cas extrêmes dans l'ordre exact où notre typologie les rangeait (colonne e).

Le recensement fournit une autre série de données qui viennent confirmer la valeur de cette typologie. Leur signification par rapport aux précédentes vient du fait qu'elles sont un peu plus décomposées au niveau communal, même si dans le cas des petites exploitations elles ne font pas de distinction entre les exploitations dont la superficie est inférieure à un demi-hectare et celles dont la superficie est supérieure à un demi-hectare mais inférieure à trois hectares. Il s'agit du temps consacré au travail sur l'exploitation par le chef d'exploitation lui-même (Tableau 5). La colonne b regroupe les exploitants qui sont susceptibles d'exercer une activité extérieure, étant donné qu'ils ne s'occupent de leurs exploitations qu'à temps partiel. La conversion de tout ce temps partiel en équivalence de temps plein[11] rend possible une juste évaluation du temps que l'ensemble des exploitants disposant d'une superficie inférieure à trois hectares consacrent à leurs exploitations (colonne c). À peine plus des deux cinquièmes des exploitants (40,6 %) s'y adonnent à plein temps. En trois des quatre communes qui composent notre échantillon, leur nombre dépasse la moitié ; il n'y a qu'à Saint-Joseph où il est plus faible que la moyenne départementale.

TABLEAU 5

Temps consacré au travail sur l'exploitation par les chefs d'exploitation (en %)

	(a)	(b)	(c)	(d)
1. Sainte-Marie	35,3	64,7	54,5	45,5
2. Vauclin	38,1	61,9	50,5	49,5
3. Saint-Joseph	17,2	82,8	36,1	63,9
4. Morne-Vert	27,5	72,5	58,3	41,7
Martinique	22,3	77,7	40,6	59,4

(a) Proportion des chefs d'exploitation occupés à temps plein sur leurs exploitations.
(b) Proportion des chefs d'exploitation occupés à temps partiel sur leurs exploitations.
(c) Equivalents "temps plein" par rapport à l'ensemble des chefs d'exploitation.
(d) Equivalents "temps zéro" par rapport à l'ensemble des chefs d'exploitation.

N.B. Ce tableau concerne uniquement les exploitations de moins de trois hectares.

La commune où l'agriculture constitue l'activité extérieure de plus de la moitié de ceux qui déclarent avoir une telle activité, Sainte-Marie (Tableau 4, colonne e), se distingue aussi par le fait que plus de la moitié de ses petits exploitants agricoles consacrent tout leur temps à leurs propres exploitations (Tableau 5, colonne c). Par ailleurs, la commune où l'agriculture figure à peine comme source d'activité extérieure, Morne-Vert, présente la même caractéristique. On est autorisé à conclure que dans le premier cas des liens serrés existent entre la grande et la petite exploitation agricole alors qu'ils sont quasi inexistants dans le second cas, où les activités extérieures s'exercent davantage à Fort-de-France. Les communes de Sainte-Marie et du Morne-Vert constituent les deux pôles de notre typologie.

Entre ces deux pôles se situent les communes de Saint-Joseph et du Vauclin. Dans le premier cas, moins de 15 % des gens s'adonnent à des tâches reliées à l'agriculture comme activités extérieures (Tableau 4, colonne e). La grosse partie de ces activités s'exercent sans doute à Fort-de-France, située tout près. Les petits exploitants sont donc relativement indépendants à l'égard de la grande exploitation agricole comme source d'emplois. Par ailleurs, dans le deuxième cas[12], ils sont beaucoup moins nombreux à exercer des activités extérieures (Tableau 4, colonnes a, b, c, d), tout en cherchant légèrement plus ces activités en agriculture (colonne e). Ils vivent donc un peu plus dans l'orbite des grandes plantations que ceux de Saint-Joseph. Ainsi, dans notre typologie, Saint-Joseph se rapproche davantage du Morne-Vert, et le Vauclin davantage de Sainte-Marie.

2. *APPORTS DE LA PRÉENQUÊTE*

L'échantillonnage s'est effectué, dans un deuxième temps, à l'intérieur même des concentrations de petites exploitations qui constituent notre typologie. Il était exclu que nous étudiions toutes les exploitations qui font partie de ces concentrations. Cette approche n'était ni pratique ni nécessaire.

Tout d'abord, un certain nombre de quartiers ont été identifiés à l'intérieur de chaque concentration :

1. Morne-des-Esses : Morne Spoutourne, Félix, Fond-Cadran, Rue Mulâtre, Saint-Aroman, Morne-des-Esses
2. Vauclin : Grand-Boucan, Goujon, Escarvail, Ensfelder, Coq
3. Saint-Joseph : La Rosière, La Goureau, Durand, Rabuchon, Morne Poirier
4. Morne-Vert : Montjoly, Urion, Saint-Maurice.

Ces groupes de quartiers occupent tous des espaces géographiques différents. Les quartiers du Morne-des-Esses encerclent complètement le petit bourg du même nom. Ceux du Vauclin sont situés dans la montagne du même nom, tout à fait au bout d'une voie de pénétration qui porte le nom pittoresque de Coulée-d'Or. À Saint-Joseph, ils sont tous à l'extérieur du bourg, en direction de Fort-de-France, stratifiés les uns derrière les autres à partir de la route nationale. Enfin, tous les quartiers du Morne-Vert occupent des terres basses, que surplombe le bourg du haut du morne du même nom.

Ces espaces sont vastes et accidentés. Ils sont sillonnés d'un fin réseau de sentiers et de quelques voies de pénétration, de sorte que la visite des exploitations s'effectue mieux à pied. Le nombre des entrevues qui pouvaient être réalisées en chaque concentration dans le court laps de temps disponible[13] était donc restreint. Ainsi, il a été décidé de procéder d'abord à une sorte de préenquête[14] où le nombre d'entrevues en chaque territoire choisi atteindrait environ la vingtaine, ce qui allait nous permettre de mieux cerner les différents aspects du problème et d'ajuster nos techniques en conséquence.

Effectivement, l'étude attentive des données de cette préenquête nous a amenés à trois ajustements majeurs. En premier lieu, la mise au point des deux modèles polaires d'utilisation du sol, écologique et économique, tels qu'exposés précédemment[15]. En second lieu, la polarisation des efforts sur les exploitations dont la superficie comprend au moins un demi-hectare (mais pas plus de trois). Et, enfin, l'addition d'un test d'attitude au questionnaire utilisé.

Au plan des modèles, les quatre concentrations de petits exploitants se ramènent à deux classes majeures. D'un côté, le Morne-des-Esses et le Vauclin présentent une utilisation du sol à indice de diversité des cultures élevé. Et de l'autre Saint-Joseph et le Morne-Vert, une utilisation du sol à indice de diversité des cultures relativement faible[16]. Les deux premières demeurent à des degrés divers dans la dépendance de la grande plantation, celle-ci paraissant beaucoup plus marquée au Morne-des-Esses qu'au Vauclin. Les deux dernières semblent au contraire échapper presque totalement à cette dépendance, se situant plutôt dans le rayon d'influence directe de la grande ville que constitue Fort-de-France. Ainsi, les concentrations du Morne-des-Esses et de Saint-Joseph ont été retenues comme sujets d'études ultérieures plus poussées (Carte 2), l'une comme mesure de l'impact du modèle écologique sur l'utilisation du sol et l'autre comme mesure de l'impact du modèle économique sur cette même utilisation.

Au plan des superficies, les observations de la préenquête confirmaient les conclusions d'une étude antérieure portant sur le quartier de Reculée dans la commune de Sainte-Marie, c'est-à-dire le recul de l'agriculture avec l'expansion de la parcellisation des terres[17]. Étant donné que nous voulions apporter une contribution à la promotion de l'agriculture sur les petites exploitations, il s'avérait important de retrancher de l'échantillon toutes les exploitations qui effectivement échappaient déjà à la pratique de l'agriculture. Le processus d'urbanisation diffuse des milieux ruraux ne se fait pas uniquement par l'immigration des citadins qui se construisent des résidences secondaires ; l'apport des ruraux dans ce sens n'en est pas moins important. Le processus de parcellisation des exploitations agricoles qui caractérise les campagnes amène inévitablement les résidents à occuper des emplois à l'extérieur, la parcelle ne retenant que la fonction de lieu de résidence et devenant une source de sécurité. Une étude réalisée par l'auteur dans certains quartiers de la commune de Capesterre en Guadeloupe[18] démontre clairement comment une vie urbaine s'organise peu à peu dans un espace agricole en voie d'atomisation. Ainsi, en deçà d'un certain seuil, les exploitations cessent de remplir une fonction agricole rentable.

Mais, ce seuil reste difficile à fixer. Le RGA le situe à 25 ares[19]. Ce qui importe surtout, c'est qu'il y ait une « activité minimale de production agricole ». Dans la présente étude, ce seuil apparaît trop bas. Il risque de faire entrer dans l'échantillon une proportion démesurée d'exploitations où le modèle écologique d'utilisation du sol est considéré comme le seul possible. Pour que l'exploitant puisse être en mesure de faire un choix entre les deux modèles qui s'offrent à lui, il doit disposer d'une superficie suffisamment étendue. Par ailleurs, il paraît arbitraire de fixer ce seuil à un hectare, comme le fait

Carte 2

Localisation des concentrations de petits exploitants agricoles à l'étude en Martinique

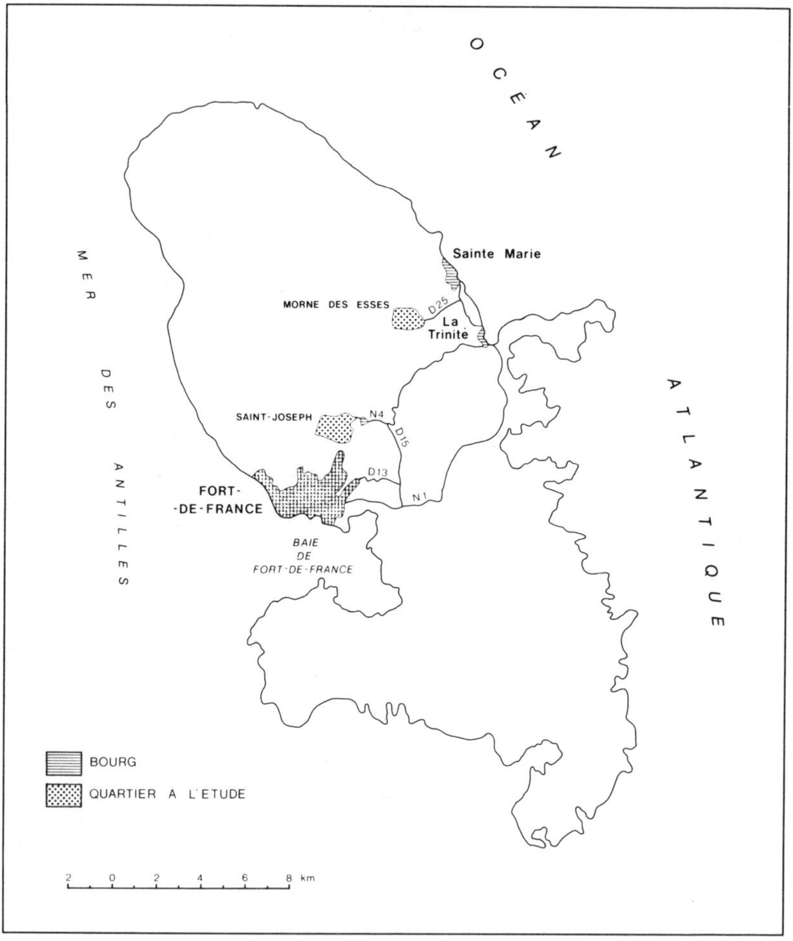

Dorothée Bertrand-Mineau[20] ; le seuil ne peut être identique dans le cas d'exploitations consacrées à des cultures d'exportation et celui d'exploitations où ces cultures n'ont presque aucune importance. Il serait opérationnellement dangereux de le situer trop haut, parce qu'il pourrait alors privilégier le modèle économique d'utilisation du sol. Pour des fins d'opérationnalisation, cette superficie minimale a été fixée à un demi-hectare ou cinquante ares[21], de sorte que notre échantillon ne comprend que des exploitations dont la superficie est supérieure à un demi-hectare mais inférieure à trois hectares.

Enfin, la décision de concentrer les efforts de recherche sur les deux modèles polaires entraînait la nécessité de raffiner le questionnaire utilisé. Le test d'attitude qui constitue la dernière question du questionnaire* a vraiment été conçu, à la suite de la préenquête, pour faire dégager plus clairement la position du petit exploitant face à ces deux modèles. Le besoin d'un test de ce genre ne pouvait se faire sentir qu'une fois l'existence de deux modèles révélée. La seule carte d'utilisation idéale des sols s'avérait alors insuffisante. Encore faut-il savoir vers lequel des deux modèles penche principalement cette carte ! L'analyse du contenu des exploitations peut ainsi prendre tout son sens.

3. L'ÉCHANTILLON DES EXPLOITATIONS DURANT L'ENQUÊTE

À l'intérieur des territoires choisis pour faire partie de l'enquête, un certain nombre de quartiers ont été délimités, soit cinq à Saint-Joseph (Carte 3) et sept au Morne-des-Esses (Carte 4). En considérant chacun de ces quartiers comme une strate, l'échantillon qui a été mis au point se définit comme un échantillon aléatoire stratifié. La taille de cet échantillon est assez considérable, soit 10,6 % au Morne-des-Esses et 14,5 % à Saint-Joseph. Cet échantillon correspond à 50 entrevues en chacun de ces deux endroits (Tableau 6).

Préparé avec grand soin pour assurer son caractère aléatoire, il a été scrupuleusement respecté sur le terrain. Cette tâche a été rendue laborieuse par la topographie même de ces deux territoires.

Tous les quartiers choisis au Morne-des-Esses encerclent le bourg du même nom (Carte 4). Le quartier du bourg ne fait pas partie de l'échantillon parce que la carte du cadastre révélait un découpage en unités trop exiguës. Seuls deux quartiers du Morne-Spoutourne sont situés plus en hauteur que le bourg lui-même ; les cinq autres par comparaison se trouvent fortement en contrebas. Cinq voies carrossables pénètrent ces divers quartiers à partir du bourg ; mais à cause de leur mauvais état peu d'automobiles s'y aventurent. Tout les déplacements que nécessitait le respect de l'échantillon devaient se faire à pied.

Dans la commune de Saint-Joseph, les quartiers choisis sont situés à plus de deux kilomètres en dehors du bourg du même nom sur la route nationale qui relie Trinité à Fort-de-France, à quelque cinq kilomètres de cette grande ville (Carte 3). Tous du côté ouest de la route nationale, ils s'échelonnent à partir des hauteurs de cette route

* Cf. Annexe A.

Carte 3

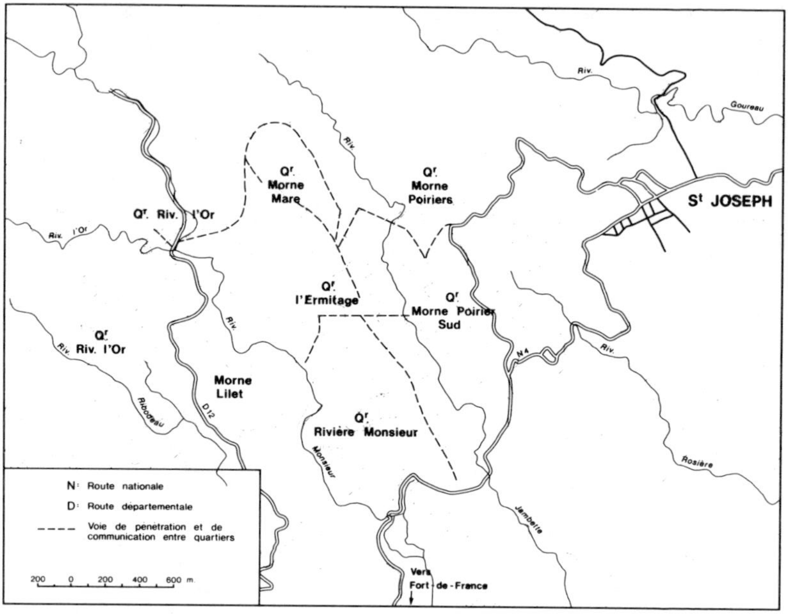

(quartier Morne-Poirier-Sud) jusqu'en bas au-delà de la rivière Monsieur. En plus de permettre l'étude de l'impact de la proximité de Fort-de-France, cet échantillon offre l'avantage d'un étalement des exploitations à des distances diverses de la route nationale.

Ces deux échantillons sont nettement contrastés sur le plan géographique. Dans le premier cas, le fait que les quartiers soient tous recroquevillés sur le bourg est révélateur d'une situation d'isolement. Effectivement, jusqu'en 1974 ce territoire est resté entièrement à l'écart de l'effervescence modernisatrice qui règne en Martinique depuis le début des années soixante. Il n'était atteignable que par une route communale en provenance de la route numéro 1 qui relie les bourgs de Trinité et Sainte-Marie. Depuis 1974, il est traversé sur toute sa longueur par un nouveau chemin départemental (numéro 15), de sorte que pour la première fois il se voit situé sur une voie de passage. Par ailleurs, l'échantillon dans Saint-Joseph présente un réseau de voies de pénétration relativement bien entretenues. Ce réseau est clairement orienté vers la route nationale entre le bourg et Fort-de-France ; même les quartiers les plus bas sont directement reliés par une de ces voies avec la route. Ainsi, en plus de sa proximité de Fort-de-France, ce

Carte 4

Mornes-des-Esses : les quartiers étudiés

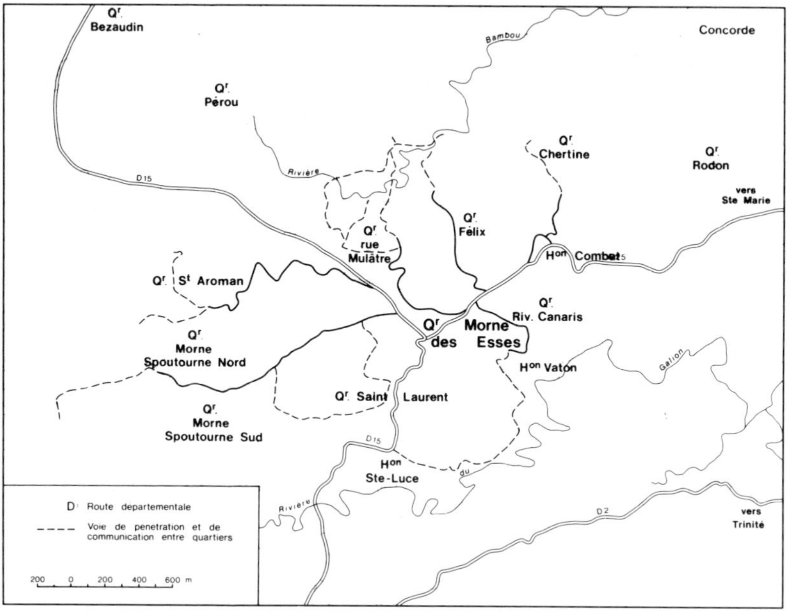

territoire se présente comme facile d'accès. La preuve en est qu'il est desservi en partie par la GET une compagnie d'autobus de Fort-de-France.

Les cinquante enquêtes menées dans chacun de ces deux endroits ont été effectuées par deux jeunes Martiniquais. Pour optimiser les possibilités de collaboration de la part des exploitants agricoles, il nous a semblé que les entrevues devaient être menées non plus par des étrangers comme au cours de la préenquête mais par des gens du pays. De plus, nous avons cru important que ces enquêteurs soient choisis parmi les jeunes issus de familles de petits exploitants agricoles. Il fallait enfin que ces jeunes aient une certaine connaissance des sciences humaines. Effectivement, les deux jeunes Martiniquais qui ont été finalement choisis avaient terminé des études de baccalauréat avec option en sciences humaines. Sans doute, l'avantage majeur de ces enquêteurs réside dans le fait qu'ils étaient en mesure de conduire leurs entrevues en créole. Dans un pays où le petit exploitant a ressenti profondément l'état de marginalisation où il se trouvait sans cesse acculé et où dans le système scolaire le créole a constamment été repoussé comme un simple patois, les enquêteurs devaient présen-

TABLEAU 6

Échantillon d'exploitations pour l'enquête

Quartier	Nombre d'exploitations	Poids relatif	Echantillon
Morne-des-Esses*			
1. Morne Spoutourne-Sud	38	8,05%	4
2. Saint-Laurent	141	29,87%	15
3. Félix	86	18,22%	9
4. Rue Mulâtre	35	7,42%	4
5. Fond Cadran	72	15,25%	7
6. Saint-Aroman Est	27	5,72%	3
7. Morne Spoutourne-Nord	73	15,47%	8
Total	472	100 %	50
Saint-Joseph**			
1. Morne Poirier-Sud	73	21,1 %	11
2. Rivière Monsieur	35	10,1 %	5
3. L'Ermitage	78	22,5 %	11
4. Morne Mare	96	27,7 %	14
5. Rivière l'Or	64	18,5 %	9
Total	346	100 %	50

* *Source* : Cartes du cadastre, Sainte-Marie, sections O et P.
** *Source* : Cartes du cadastre, Saint-Joseph, sections C et D.

ter des qualités susceptibles de faire tomber les réticences et les hésitations des répondants[22].

4. *ACCÈS À LA CARTE MENTALE D'OPTIMALITÉ SUBJECTIVE*

Depuis les origines de la recherche portant sur les cartes mentales, seuls les milieux urbains ont été étudiés, comme nous l'avons vu précédemment. Chaque étude portait sur une ville clairement identifiée ou sur une portion de ville bien circonscrite, de sorte que tous les répondants faisant partie de l'échantillon étaient susceptibles de posséder chacun une carte mentale du même environnement. Bien souvent, les cartes se présentaient comme des reconstitutions réalisées à la suite de plusieurs entrevues[23], elles correspondaient donc à des cartes mentales partagées par les répondants, qui avaient été choisis comme membres d'un échantillon représentatif de toute une population. Ou bien, les répondants étaient invités à tracer eux-mêmes leurs cartes mentales ; en superposant ces multiples cartes individuelles ainsi obtenues, on dégageait la carte générale partagée par tous[24].

Dans la présente étude, nous avons affaire à des ruraux disposant chacun d'un micro-environnement différent, circonscrit par les limites périphériques de sa petite exploitation. Il ne peut donc être question de cartes mentales présentant une partie partagée par tous et une partie unique pour chaque individu. Les superficies, les configurations, ainsi que la topographie sont trop diverses pour se prêter à une simple superposition comme dans le cas des cartes mentales en milieu urbain. Il paraît plutôt préférable de recourir à une analyse des contenus avec l'aide de l'indice de diversité, comme l'auteur a déjà fait dans un travail antérieur[25]. L'analyse des contenus renvoie à la simple présence ou à l'absence des plantes servant à l'alimentation sur les exploitations, indépendamment des superficies occupées par chacune d'elles. La diversité ou l'absence de diversité dépend du nombre de cultures présentes ; plus ce nombre est élevé, plus la diversité est grande ; et plus il est faible, moins il y a de diversité. L'indice porte sur l'ensemble des cultures : maraîchère (« légumes »), vivrière (« légumes-pays »), comerciale (destinée au marché interne ou externe) et fruitière (arbres fruitiers).

5. *ÉCART ENTRE LA CARTE D'UTILISATION RÉELLE ET LA CARTE MENTALE D'UTILISATION IDÉALE DES SOLS*

La situation d'utilisation hybride du sol sur la plupart des exploitations implique l'existence d'écarts entre la réalité et la carte mentale d'utilisation idéale du sol. En fait, le mélange des deux modèles sur une même exploitation est chose courante. L'exploitant pratique la monoculture sur une partie de la superficie et la polyculture sur une autre. Le rapport de cette utilisation mixte aux cartes mentales d'utilisation idéale ne peut alors devenir explicite que durant les entrevues. La satisfaction ou l'insatisfaction des exploitants s'exprime spontanément à la suite de questions formulées intentionnellement pour stimuler cette spontanéité dans l'expression des réponses aux questions.

Toutefois, l'expression de complète satisfaction n'est pas nécessairement signe d'une concordance parfaite entre la carte d'utilisation idéale et celle d'utilisation réelle des sols. Car, le point de référence de l'exploitant pour l'utilisation réelle peut très bien ne pas être la carte mentale d'utilisation idéale des sols, mais plutôt une carte mentale d'utilisation qu'il juge réaliste dans son cas. Le questionnaire comprend donc des questions susceptibles de fournir les informations qui décrivent la particularité de son cas. Ce questionnaire a été conçu de façon à faire ressortir l'adaptation de chaque exploitant agricole à toutes les dimensions de son environnement. Après avoir fourni des précisions sur la façon avec laquelle il a personnellement ajusté au cours des années sa façon d'utiliser son sol aux diverses contraintes de son environnement telles qu'il les perçoit, il se voit à la fin de l'entrevue[26] placé dans une situation purement hypothétique où aucune de ces contraintes ne pèse sur son environnement. Si jusqu'à ce moment ses réponses reposaient sur une carte mentale d'utilisation réaliste des sols, il doit maintenant s'en dégager pour se reporter à une carte de référence plus profonde dans son psychisme.

L'interprétation des réponses à cette dernière question appelle une précision. On ne peut ignorer la possibilité que certains répondants se révèlent incapables de s'adonner à cet exercice d'abstraction, tellement l'envahissement des contraintes les rend à leurs yeux inséparables de leur environnement. La satisfaction exprimée dans ces cas ne peut avoir la même signification que celle qui accompagne une conscience profonde des contraintes perçues comme distinctes de leur environnement dans la mesure où elles sont contrôlables. C'est seulement dans ce dernier cas que l'on peut interpréter la satisfaction exprimée durant l'entrevue comme un indice de l'absence ou de la quasi-absence d'écart entre les deux cartes, la carte mentale d'utilisation idéale des sols se trouvant reproduite presque parfaitement dans la carte d'utilisation réelle des sols.

Étant donné que les cartes mentales d'utilisation idéale des sols n'ont pas d'existence propre, on peut supposer que les répondants ne démontrant aucun écart seront plutôt rares. La majorité d'entre eux sont quelque peu sensibilisés aux obstacles. Plus est grande la conscience des contraintes qu'impose l'environnement sur l'utilisation du sol, plus l'idée est claire de ce que pourrait être cette utilisation avec un meilleur contrôle de ces contraintes. On ne se sent contraint que dans la mesure où on est conscient de ne pouvoir réaliser ce qu'on aspire à réaliser. Dans ces circonstances, les aspirations sont susceptibles de ressortir avec une plus grande clarté.

6. INDICATEUR DE LA CARTE MENTALE D'UTILISATION IDÉALE DES SOLS ET MESURE DE L'ÉCART

Dès qu'il existe un écart, le problème de l'évaluation quantitative de cet écart se pose. S'il était possible de reconstruire cartographiquement l'organisation de l'espace qui résulterait de la disparition des contraintes, l'écart entre ce construit cartographique de la carte mentale de l'utilisation idéale et la carte d'utilisation réelle des sols deviendrait quantitativement mesurable. Il suffirait alors de comparer les superficies réellement consacrées à chaque culture avec celles que l'exploitant voudrait leur consacrer s'il en avait l'entière liberté. Mais, tout comme pour les recenseurs, le caractère mixte des cultures rend impossible le calcul de ces superficies. Le construit cartographique, qui aurait pu servir de fondement à la comparaison, n'a donc pu être réalisé qu'en très peu de cas (Cartes 5 à 10) ; et, il nous a fallu recourir à une autre méthode pour mesurer l'écart en question.

Carte 5

Exemple d'utilisations réelle et idéale du sol à Saint-Joseph

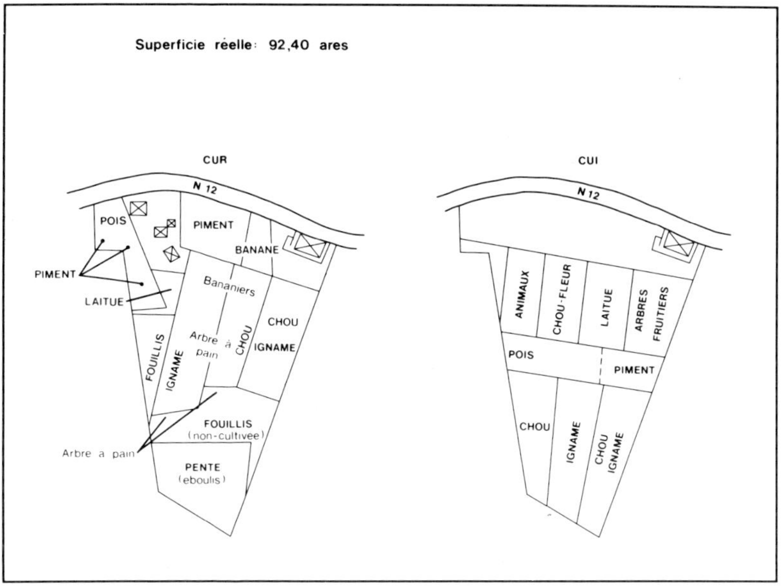

Introduction : animaux, choux-fleurs, arbres fruitiers. *Stabilité* : poivre, pois, ignames, choux de Chine. *Accroissement* : laitue. *Interruptions* : banane. Dix changements auraient lieu sur cette exploitation. Ils se feraient par remplissage, de sorte que les espaces en pente, non cultivés jusqu'à maintenant, se verraient mis en valeur.

S'il fallait renoncer à l'évaluation des superficies occupées par chacune des plantes, il restait la possibilité de recourir au décompte des pieds de chacune des plantes[27]. Mais, il était hors de question d'effectuer un tel décompte dans le cas des cultures vivrières et maraîchères[28]. L'analyse des contenus devait donc se faire sur une autre base.

Comme la carte mentale d'utilisation idéale des sols incorporait tous les changements qui seraient apportés à l'utilisation réelle des sols en des conditions de plein contrôle sur l'environnement, il devenait possible de mesurer les différences entre les deux catégories de cartes à partir de catégories de changement, tels qu'introduction de plantes, augmentation de superficie consacrée à une plante déjà cultivée, stabilité ou absence de changement, diminution de superficie consacrée à une plante. Ces cinq catégories de décisions qui se prendraient si le petit exploitant pouvait combler l'écart entre la réalité et son idéal se ramènent à trois catégories fondamentales, c'est-à-dire décisions positives (introductions et augmentations), décisions neutres (absence de changement), et décisions négatives (diminutions et interruptions).

En milieu de polyculture, ces décisions peuvent porter sur un nombre considérable de plantes. Le RGA de 1973 compte 24 sortes d'arbres ou arbustes servant à des fins d'alimentation sur les exploitations de la Martinique. Dans l'échantillon d'exploitations étudiées dans le présent travail, nous comptons pas moins de 32 plantes différentes. Pour fin d'analyse, ces plantes seront regroupées en seulement quatre catégories, c'est-à-dire maraîchères, vivrières, florales et exportables. Même si seules les plantes servant à des fins d'alimentation présentent un intérêt dans le cadre de la présente recherche, toutes les catégories sont d'abord retenues. Seules les plantes d'ornementation sont exclues[29]. L'importance des plantes comestibles dans l'ensemble des plantes cultivées ressortira plus nettement.

Carte 6

Exemple d'utilisations réelle et idéale du sol à Saint-Joseph

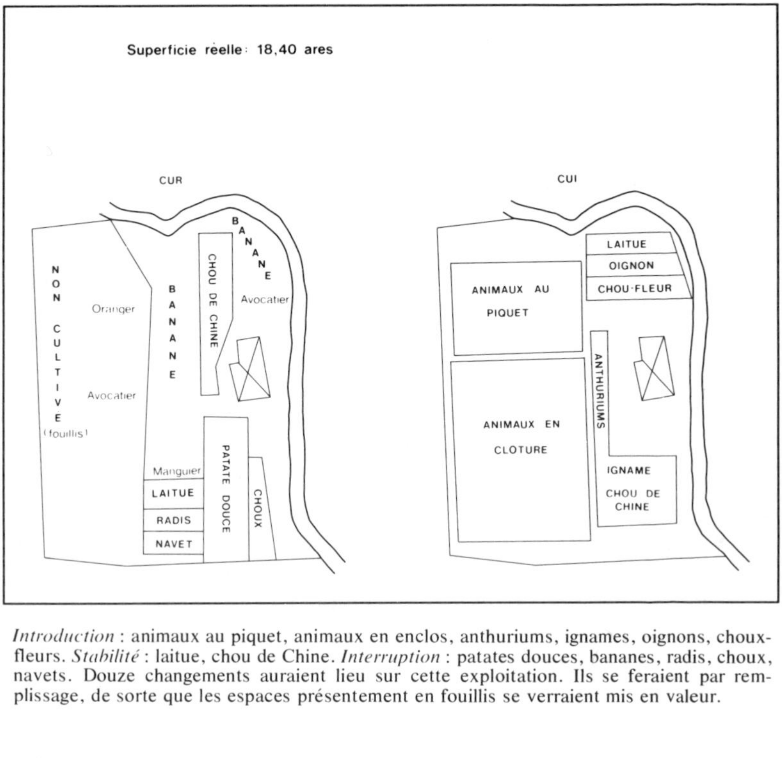

Introduction : animaux au piquet, animaux en enclos, anthuriums, ignames, oignons, choux-fleurs. *Stabilité* : laitue, chou de Chine. *Interruption* : patates douces, bananes, radis, choux, navets. Douze changements auraient lieu sur cette exploitation. Ils se feraient par remplissage, de sorte que les espaces présentement en fouillis se verraient mis en valeur.

Carte 7

Exemple d'utilisations réelle et idéale du sol à Saint-Joseph

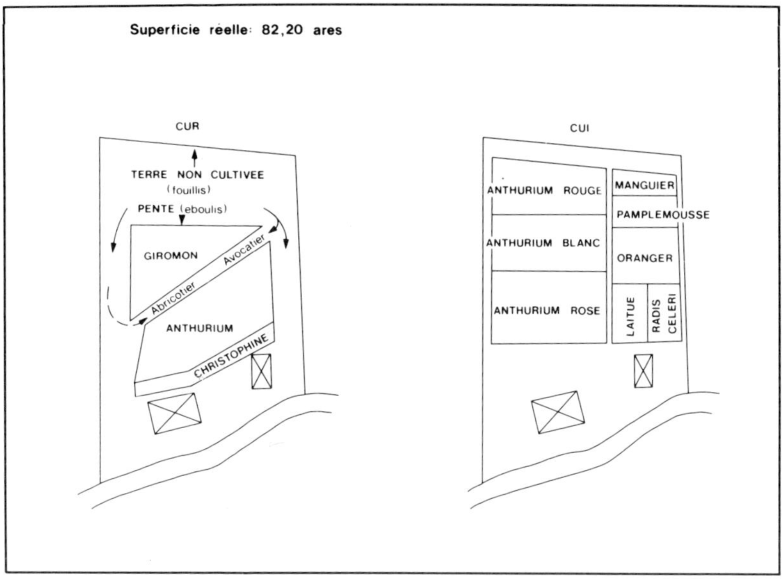

Introduction : anthuriums de diverses couleurs, arbres fruitiers (manguier, pamplemoussier, oranger), laitue, radis, céleri. *Interruption* : giromon, christophine, arbres fruitiers (abricotier, avocatier). Douze changements auraient lieu sur cette exploitation, comme dans le cas précédent. Ils se feraient aussi par remplissage, de sorte que des espaces assez en pente pour être occasionnellement sujets à des éboulis et laissés en fouillis jusqu'à maintenant se verraient alors mis en valeur.

7. CARTOGRAPHIE ET QUESTIONNAIRE

Chaque entrevue implique trois opérations majeures bien déterminées, soit la cartographie de l'utilisation réelle des sols, l'application du questionnaire, et enfin la cartographie de l'utilisation idéale des sols.

Les opérations de cartographie de l'utilisation des sols constituent à la fois les points de départ et d'arrivée de chaque enquête. Toutes les activités agricoles ayant une dimension spatiale quelconque doivent être rapportées sur ces cartes, en plus des espaces laissés en friches et des espaces considérés comme non cultivables. Les différences dans l'utilisation des sols entre ces deux cartes mesurent l'écart entre elles. Cet écart peut prendre la forme soit de substitution d'une activité agricole par une autre, soit de remplissage plus intense de l'espace utilisable, ou l'inverse, de mise en friches de l'un ou l'autre de ces espaces (Cartes 5 à 10).

Le questionnaire lui-même[30] comprend deux sous-opérations. D'abord un ensemble de questions conçues pour faire dégager la perception que le petit exploitant entretient à l'égard de son environnement. Puis un test construit de telle façon qu'il permette de déterminer auquel des deux modèles d'utilisation des sols se rattache le petit exploitant.

La carte d'utilisation idéale des sols pourra aussi servir à cette fin. Ils seront probablement rares les cas où ces cartes ne fourniront pas d'indices dans le sens d'un modèle plutôt que dans l'autre. Mais, comme nous l'avons vu précédemment[31], la carte d'utilisation idéale des sols reflétera fréquemment une situation hybride où il sera difficile de la rattacher à un modèle plutôt qu'à l'autre. Le test devrait dans tous les cas servir à lever les ambiguïtés.

Les questions qui constituent le questionnaire proprement dit se fondent sur le concept d'environnement fonctionnel, ou, selon la terminologie de Joseph Sonnelfeld[32], d'environnement de comportement. Il ne s'agit donc pas seulement d'environnement social, ni d'environ-

Carte 8

Exemple d'utilisations réelle et idéale du sol au Morne-des-Esses

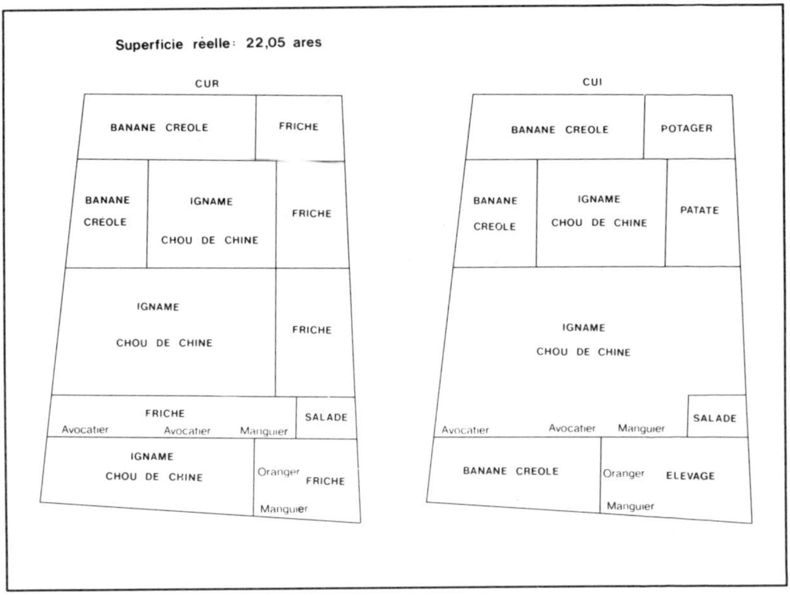

Introduction : animaux, potager, patate douce. *Stabilité* : laitue. *Accroissement* : ignames, choux de Chine, bananes créoles. On peut compter au moins sept changements sur cette exploitation. Ce sont les espaces non cultivés qui encore ici se verraient mis en valeur.

nement naturel, ni d'environnement construit, mais plutôt de cette portion de l'environnement qui en stimulant suscite une réponse sous la forme d'un comportement, ou qui devient l'occasion d'un comportement. Cet environnement comprend des éléments qui présentent une signification pour le comportement des gens, c'est-à-dire qui les poussent à l'action, ainsi que d'autres qui n'en n'ont pas, c'est-à-dire qui n'exercent pas d'influence sur leur comportement. Cette sélection des éléments qui composent l'environnement global constitue l'opération désignée sous le nom de perception de l'environnement.

Carte 9

Exemple d'utilisations idéale et réelle du sol au Morne-des-Esses

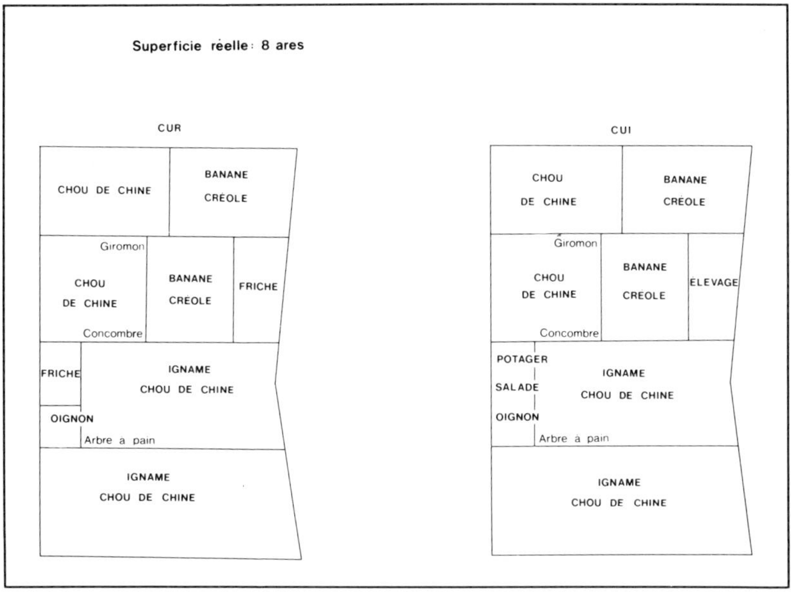

Introduction : animaux, potager, laitue. *Stabilité* : choux de Chine, ignames, bananes créoles, giromon, concombres, arbres à pain. On peut compter neuf changements au moins qui auraient lieu sur cette exploitation. Tous se feraient par remplissage des espaces laissés incultes jusqu'à maintenant.

Les cartes d'utilisation du sol réalisées au moment de l'enquête fournissent les principales données des contenus. Et, les entrevues servent à recueillir les données d'utilisation du sol se rapportant à d'autres moments de l'année. Ces entrevues sont aussi nécessaires pour obtenir les informations qui expliquent les choix des cultures apparaissant dans l'analyse des contenus. Ainsi, l'histoire des introductions de cultures nouvelles et des interruptions de cultures anciennes, c'est-à-dire

Carte 10

Exemple d'utilisations idéale et réelle du sol au Morne-des-Esses

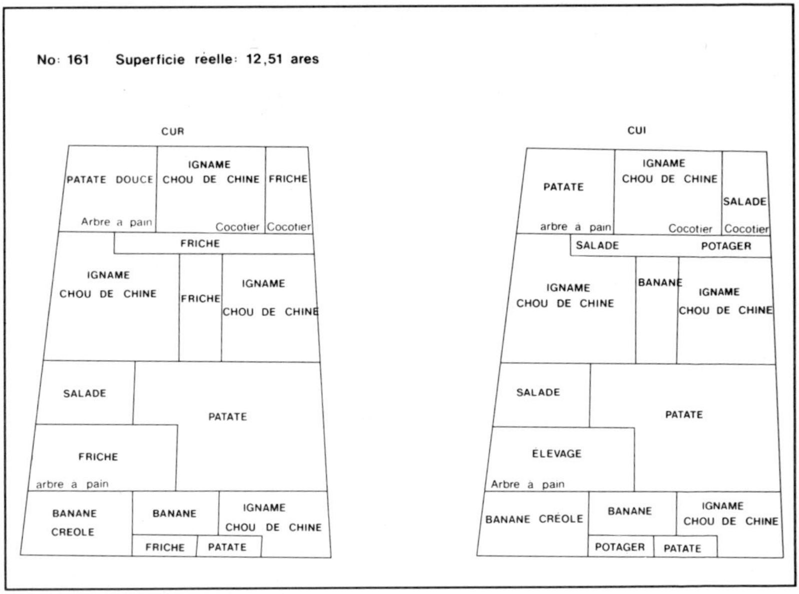

Introduction : animaux (élevage), potager (salade). *Stabilité* : ignames, choux de Chine, patates douces, arbres à pain, cocotiers, bananes créoles. *Accroissement* : banane. Une autre exploitation où environ neuf changements auraient lieu. Tous se feraient sur les espaces laissés présentement en friche.

des essais et des erreurs, peut faire ressortir une évolution dans l'utilisation du sol, aboutissant éventuellement à une association climatique d'arbres fruitiers. Dans le cas d'un contenu révélant un indice de diversité faible, il est particulièrement important de savoir dans quelle mesure les répondants estiment qu'ils ont profité de leurs investissements, s'ils ont réussi ou échoué dans leurs plans.

Chez les petits exploitants agricoles, de nombreuses décisions doivent être prises dans la mise en valeur de leur exploitation. La carte d'utilisation réelle des sols reflète l'ensemble de ces multiples décisions. Tout en se conformant au modèle choisi, elle incorpore des perceptions déficientes de l'environnement des exploitants. Sans doute ces déficiences dans les perceptions résultent-elles en partie de l'ignorance ! Mais, l'aspect contraignant de plusieurs dimensions de l'environnement joue ici encore un rôle plus important.

Construit pour dégager l'explication de l'écart observé entre les cartes d'utilisation réelle et idéale des sols, le questionnaire tente d'obtenir des précisions sur la perception que les répondants entretiennent de ces diverses dimensions, physique, végétale, commerciale, technique, économique, etc. Il part du postulat que les contraintes perçues dans l'une ou l'autre de ces dimensions ou dans un groupe d'entre elles expliquent pourquoi l'utilisation réelle s'écarte de l'utilisation idéale des sols. En l'absence de ces contraintes, il y aurait conformité entre ces deux cartes[33].

8. ENVIRONNEMENTS POLYCENTRIQUES ET MONOCENTRIQUES

L'état de désolation où se trouve la petite agriculture en Martinique au moment de l'enquête est un indice d'un sous-développement en voie d'aggravation plutôt qu'en voie de résorption. Sans doute pourra-t-on répliquer que l'État français s'est engagé depuis 1961 dans un coûteux programme de réforme foncière à l'échelle des Antilles françaises. Mais, l'objectif de cette réforme se limitait à « favoriser l'accession à la petite propriété agricole familiale par le jeu du morcellement des terres récupérées[34] » ; il ne s'agissait pas de remettre en marche la petite agriculture déjà existante, ni de créer des conditions qui lui auraient permis de sortir de l'enlisement où elle se trouve. Pourtant, il y a lieu de se demander si dans cette nouvelle forme de petite agriculture, l'exploitant se sent davantage partie intégrante du développement de son pays que dans l'ancienne. Théoriquement, la planification organise l'environnement de telle sorte que les participants se sentent stimulés à fournir leur meilleur rendement. Qu'en est-il dans la pratique ?

Le cas de la réforme foncière dans l'île de Marie-Galante[35] a été choisi à cause de la réclame qui l'entourait. Elle jouissait de la réputation d'être l'entreprise du genre la plus compréhensive et la plus susceptible de réaliser ses objectifs. Mieux valait dans notre étude privilégier une zone où la réforme a bénéficié de toutes les chances possibles de succès. Pouvait-on aux Antilles mettre sur pied une forme de petite agriculture qui ne retombe pas dans les filets de la grande plantation ? Notre étude allait démontrer que l'urbanisation réussissait à opérer cette dissociation ; mais, elle le faisait au prix même de l'abandon de l'agriculture. La réforme foncière devrait à la fois libérer la petite agriculture de cette dépendance de la grande plantation et la lancer sur la voie de la prospérité.

L'échantillon choisi à Marie-Galante se compose de vingt-quatre exploitants de la région d'Étang-Noir, commune de Capesterre. Il regroupe dans des proportions identiques de petits propriétaires fonciers indépendants et d'anciens colons devenus petits propriétaires suite à la réforme foncière[36]. La méthodologie utilisée ici est essentiellement la même qu'en Martinique. Nous postulons que les cartes d'utilisation réelle des sols s'écartent beaucoup plus considérablement de celles de leur utilisation idéale chez les exploitants qui gèrent leur exploitation indépendamment de la réforme foncière que chez ceux qui font partie de cette réforme. Mais nous concluons que, malgré ses bonnes intentions originelles, la réforme foncière en cours à Marie-Galante a déjà échoué et que la dépendance à l'égard de l'usine est ressentie aussi vivement que par le passé.

Cet échec était-il prévisible ? Dans la mesure où le projet de réforme a été élaboré « en laboratoire », sans participation active des exploitants concernés, il était illusoire de s'attendre à son succès. Le système français à l'œuvre aux Antilles implique une « présomption d'incompétence au détriment de la base et d'infaillibilité en faveur du sommet ; (une) communication en sens unique, du sommet vers la base et non de la base vers le sommet[37] ». Par ailleurs, peut-on supposer que des réformes effectuées dans une perspective en sens inverse présentent de meilleures chances de succès ?

Pour répondre à cette nouvelle question, une dernière étude a été réalisée en Barbade, petite île antillaise fière de son héritage anglais et qui n'hésite pas à s'afficher comme une « petite Angleterre ». Aucune autre île antillaise d'expression anglaise ne présente des apparences de développement aussi comparables à celles de la Martinique. Peut-être s'agit-il moins d'apparences que de réalités en Barbade. L'île est indépendante depuis 1966, de sorte que l'effet de départementalisation n'y joue pas. Dans un ouvrage récent[38], Alain Peyrefitte a formulé une distinction pertinente au sujet du potentiel de développement entre les sociétés monocentriques et polycentriques. Les « principes organisateurs » fonctionnent différemment dans ces deux sociétés :

> Tout se passe comme si les sociétés hiérarchiques avaient neutralisé en elles-mêmes les catalyseurs du développement, qui y étaient présents avant qu'elles ne se crispent sur elles-mêmes. Ces catalyseurs, les sociétés d'autonomie les ont au contraire sécrétés abondamment[39].

En tant que département de la France, la Martinique fait partie de la société que Peyrefitte considère comme le type même de la société monocentrique. À l'inverse, la Barbade peut à juste titre se réclamer d'avoir hérité de cette mentalité caractéristique d'une société polycentrique. Ainsi, entre la Martinique et la Barbade, les différences culturelles se situent bien au-delà du seul phénomène linguistique. Il existe des « dispositions mentales » différentes[40] entre les populations de ces deux îles, malgré l'évidence de leur appartenance à la même supraculture antillaise. Comment expliquer autrement la mise sur pied depuis déjà plusieurs années d'un organisme de commercialisation des produits agricoles destinés à la consommation locale en Barbade[41] et l'absence complète de structure semblable en Martinique ? Ainsi, le monocentrisme contribuerait à maintenir une mentalité « satisfaite » des apparences de développement, alors qu'au contraire le polycentrisme favoriserait l'éclosion d'une mentalité qui attaque davantage le sous-développement à sa racine.

Dans la mesure où ces idées se fondent sur la réalité, les écarts entre les cartes d'utilisation réelle et idéale des sols devraient se révéler beaucoup moins considérable en Barbade qu'en Martinique. Pareillement, la dominance du modèle économique sur le modèle écologique devrait être très accentuée.

émarcation entre la grande et la petite exploitation. L'agriculture axée sur l'approvisionne- : alimentaire du pays occupe les espaces accidentés. 2. Démarcation entre la petite et la de exploitation. L'agriculture axée sur l'approvisionnement alimentaire du pays est souvent quée aux abords des grandes exploitations. 3. Le défrichement des pentes pour fins iculture se fait encore manuellement. 4. Le type d'agriculture pratiquée spontanément sur espaces défrichés peut donner l'apparence de mélange confus de plantes. 5. Encore ırd'hui auprès des maisons la polyculture caractérise l'agriculture. 6. Jardins de cultures ères ou cultures d'exportation sur pentes accidentées. 7. Mais à proximité des marchés ins un certain nombre d'exploitants s'adonnent à la culture des maraîchères, en continuant des vivrières. La pratique de ces maraîchères introduit une forme de monoculture en droite; la symbiose avec l'environnement n'est pas encore réussie.

1

2

3

4

5

6

7

II

Mesure des écarts constatés entre cartes d'utilisation idéale et réelle du sol

5

Les changements souhaités : écarts entre utilisation réelle et utilisation idéale du sol[1]

1. PRINCIPALES DIFFÉRENCES VISUELLES

La comparaison entre les cartes d'utilisation réelle et idéale du sol permet de dégager dans un premier temps par simple observation visuelle l'écart qui existe entre les deux utilisations du sol. Cet écart reflète les changements qu'apporterait l'exploitant agricole à l'utilisation qu'il fait présentement de son sol s'il exerçait un meilleur contrôle sur les composantes de son environnement.

1.1 Expansion des cultures

Des réaménagements d'utilisation se feraient à l'intérieur des exploitations existantes. Telle que posée, la question portant sur la cartographie de l'utilisation idéale des sols ne postulait aucun changement dans les superficies globales des exploitations ; les changements pourraient se manifester sous la forme d'une diminution ou d'un accroissement des superficies cultivées à l'intérieur de ces exploitations, ou d'une diminution ou d'un accroissement des superficies consacrées à une culture particulière, toujours à l'intérieur de ces mêmes exploitations. Étant donné que la seconde catégorie de changements conditionne la première, elle sera la seule considérée. D'ailleurs, seulement quatre exploitants présentent des cartes qui impliquent une diminution des superficies cultivées (3 au Morne-des-Esses et 1 à Saint-Joseph).

Dans un premier temps, deux lectures des cartes ont été faites pour chacune des exploitations, l'une portant sur la culture qui enregistrait l'accroissement le plus important et l'autre sur celle dont l'accroissement se plaçait au second rang. Seule a été retenue l'exis-

TABLEAU 7

Direction des changements souhaités dans les utilisations du sol (en %)

	Saint-Joseph		Morne-des-Esses		Total	
	(1)	(2)	(1)	(2)	(1)	(2)
Cultures d'alimentation :	72,5	56,6	85,3	85,7	78,9	72,3
. vivrières, maraîchères et potagères	57,5	23,3	43,9	40	50,5	32,3
. élevage	5	30	39	25,7	22,2	27,7
. arbres fruitiers	10	3,3	2,4	20	6,2	12,3
Cultures d'exportation	5	3,3	14,6	5,7	9,9	4,6
Cultures florales	22,5	40		8,6	11,1	23,1
	100	100	100	100	100	100

La colonne (1) renvoie au pourcentage d'exploitations qui indiquent un accroissement d'une culture quelconque; et la colonne (2) un accroissement d'une seconde culture quelconque.

tence d'un accroissement, sans indication des superficies concomitantes.

Au total, après ajustement des données[2], pas moins de 81 % des cartes révèlent qu'une quelconque culture enregistrerait une augmentation des superficies qui lui sont consacrées à l'intérieur des exploitations (soit 80 % à Saint-Joseph et 82 % au Morne-des-Esses). De plus, dans 65 % des cartes une seconde culture au moins bénéficierait d'une semblable augmentation ; mais, la proportion s'avère ici au Morne-des-Esses (75 %) nettement supérieure à celle de Saint-Joseph (60 %). L'aspiration au changement qu'indiquent ces accroissements de superficies consacrées à une ou plusieurs cultures touche donc un fort pourcentage de la population des petits exploitants agricoles, proportion qui contrairement aux idées généralement acceptées semble plus forte chez ceux qui subissent moins l'influence de la ville (Tableau 7).

Dans l'ensemble, ce sont les espaces consacrés aux cultures d'alimentation qui reçoivent la faveur populaire. Ce désir d'accroître les superficies qui leur sont consacrées touche dans l'ensemble de notre échantillon plus des trois quarts des exploitations pour une première culture (78,9 %) et presque autant pour une seconde (72,3 %). Dans un pays où les importations d'aliments n'ont pas cessé de croître, on est en droit de s'interroger sur la signification de ces dispositions révélées par l'écart entre les cartes d'utilisation réelle et idéale des sols. Pourquoi ce rabaissement de l'idéal manifeste sur les cartes d'utilisation réelle du sol ? Pourquoi ce gaspillage des énergies humaines, alors que le pays a tant besoin d'une production alimentaire plus abondante ?

Ces observations valent davantage pour le Morne-des-Esses (85,3 %) que pour Saint-Joseph (72,5 %) ; la différence est particulièrement nette dans le cas de l'accroissement de la seconde culture (85,7 % contre seulement 56,6 %). Le secteur agricole de la production alimentaire paraît donc avoir été plus ébranlé là où l'influence de la ville se fait le moins sentir. Et puisque le désir d'accroître les superficies consacrées aux cultures d'exportation (canne et banane) y est aussi plus de deux fois plus fréquent (14,6 % contre 5 % pour la première culture) l'influence de la proximité des plantations semble aussi continuer à hanter davantage les esprits. En fait, la proximité de la ville attire la culture florale plutôt que les cultures d'exportation et, ce qui apparaît étrange, diminue l'importance relative des cultures d'alimentation.

La spécificité du Morne-des-Esses par rapport à Saint-Joseph ressort aussi du fait qu'à l'intérieur du secteur des cultures alimentaires une proportion nettement plus forte d'exploitants accroîtraient les superficies consacrées à un « petit élevage » (39 % contre 5 % pour la première culture). Cette différence se rattache sans doute d'une façon quelconque à l'importance des cultures vivrières, maraîchères et potagères (43,9 % contre 57,5 %). Sans doute faut-il chercher l'explication dans une liaison encore forte entre l'élevage et ces types de cultures au Morne-des-Esses et dans une dissociation grandissante de ces deux activités à Saint-Joseph. Cette hypothèse devra être vérifiée.

1.2 Remplissage des interstices

Ces divers accroissements des espaces à l'intérieur d'exploitations restreintes devraient se faire soit aux dépens d'autres cultures apparaissant sur les cartes d'utilisation réelle du sol, soit tout simplement par remplissage des espaces encore inutilisés à des fins de production agricole. Cette dernière façon de faire est nettement celle qui ressort le plus clairement à l'examen des cartes, confirmant en cela l'interprétation déjà faite du *Recensement général de l'agriculture 1973*[3]. Au Morne-des-Esses, les expansions se feraient entièrement en mettant en valeur les espaces laissés en friches sur les cartes d'utilisation réelle du sol (Tableau 8) ; et à Saint-Joseph, les exploitants devraient avoir recours dans 66,7 % des cas aux espaces considérés comme incultivables, soit parce qu'ils sont en fouillis, ou en pentes accentuées, ou trop caillouteux. Au Morne-des-Esses, il semble rester suffisamment d'espace en friches pour absorber toutes les expansions désirées ; on

TABLEAU 8

Caractéristiques des espaces de remplissage

	Saint-Joseph	Morne-des-Esses
1. En friches	30,3%	100%
2. Non cultivables (fouillis)	27,3%	
3. En pentes accentuées (d'éboulis)	3 %	
4. Caillouteux	30 %	
5. 2 - 3	27,3%	
6. 2 - 4	6,1%	
7. 1 - 3	3 %	
	100	100

n'est pas obligé de songer à envahir les parties non cultivables des exploitations. Les disponibilités apparaissent nettement moins favorables à Saint-Joseph. Sans doute la distinction entre espace cultivable et incultivable est-elle assez floue ! Il n'est pas exclu que des exploitants de Saint-Joseph classifient des espaces comme incultivables que d'autres au Morne-des-Esses tendraient à considérer plutôt comme en friches. Ces derniers seraient disposés à y mettre l'effort pour les exploiter tandis que les premiers n'y songeraient même pas. Dans un pays comme la Martinique où la pression démographique sur les terres est particulièrement forte, la ligne de démarcation entre espace cultivable et incultivable n'est pas facile à tracer. On la tracera avec d'autant plus de facilité que la possibilité de vaquer à d'autres occupations sera à la portée de la main ; et on la distinguera moins si on n'est pas encore porté à compter ses efforts. C'est ce qui explique sans doute que dans le passé elle a été nettement poussée à l'intérieur des espaces que nous recensons aujourd'hui comme incultivables.

2. *ANALYSE DES CONTENUS*

La première analyse relativement grossière qui vient d'être faite des changements qui seraient apportés à l'utilisation du sol si les exploitants étaient en mesure d'exercer un meilleur contrôle sur leur environnement demande à être raffinée par une analyse détaillée des contenus. Elle ne tenait pas compte de tous les accroissements réels, mais uniquement des deux plus frappants. L'analyse des contenus donnera une image plus juste de la réalité.

2.1 *Un « petit élevage »*

Sans doute, un des changements les plus courants serait l'augmentation du nombre d'exploitations qui s'adonneraient à un élevage

TABLEAU 9

Élevage (en %)

	Saint-Joseph	Morne-des-Esses	Total
Présence sur CUR	10	10	10
Présence du CUI	48	52	50
. Constitue le premier changement en importance	4	32	18
. Constitue le second changement en importance	18	18	18

CUR : Carte d'utilisation réelle des sols.
CUI : Carte d'utilisation idéale des sols.

quelconque (Tableau 9). Alors qu'à peine 10% au total, également réparties entre les deux endroits, s'y adonnent en fait, on passerait à 50% (48% à Saint-Joseph et 52% au Morne-des-Esses). Évidemment, cette augmentation n'aurait pas la même portée sur toutes les exploitations où elle aurait lieu. En fait, elle ne serait un changement majeur au total que dans 18% des cas, et bien davantage au Morne-des-Esses (32%) qu'à Saint-Joseph (4%). Ainsi, même si à ce dernier endroit on déclare un intérêt pour l'élevage, c'est au Morne-des-Esses surtout qu'il jouerait un rôle marquant dans l'utilisation du sol.

Pour saisir la signification profonde de ce changement, il est important de bien saisir les difficultés particulières auxquelles se heurte l'élevage sur les petites exploitations. L'exiguïté même des exploitations ne favorise pas l'usage de pâturages. L'exploitant doit exercer un contrôle de tous les instants sur les fourrages, de sorte qu'il ne peut laisser ses bêtes paître en liberté. Ou bien il les garde « au piquet », et les déplace soigneusement selon un plan suggéré par la répartition des herbages sur son exploitation (ou ses parcelles selon le cas). Il peut suppléer aux déficiences par des apports extérieurs ; il lui arrive souvent de couper les herbages le long des routes ou sur les terrains vacants et de les rapporter chez lui à dos d'âne ou même dans le coffre de son auto. Ou bien il enferme sa (ou ses) bête(s) dans un petit enclos où il lui (ou leur) apporte les fourrages et l'eau nécessaires. De toute façon, le « petit élevage » pratiqué sur ces petites exploitations demande beaucoup d'ingéniosité et de travail. Cela est particulièrement vrai en saison sèche : l'approvisionnement des bêtes en eau et en fourrage devient alors une préoccupation qui impose presque un mode de vie. La recherche du fourrage est alors intense ; même les feuillages des arbustes (surtout les bambous) servent à cette fin. Les exploitants qui à cette période de l'année sont souvent engagés dans la récolte de la canne sur les grandes exploitations avoisinantes reviennent souvent avec des paquets d'« herbe à canne ». Dans un paysage littéralement brûlé par le soleil, toute forme de verdure devient précieuse.

Ces difficultés n'empêchent pas une minorité d'exploitants (10 %) de s'adonner à l'élevage. Un nombre beaucoup plus élevé (50 %) en feraient idéalement autant. Pourquoi cette haute estime ? Et pourquoi ne passent-ils pas à l'acte ? Sans doute faut-il rattacher la valeur accordée à l'élevage à l'utilisation du sol qu'ils privilégient ? Comme nous le verrons plus loin, l'élevage est pourvoyeur de fumier.

Dans l'esprit des gens, l'élevage est intimement associé à l'agriculture. Les cultures mettent durement à l'épreuve la fertilité naturelle des sols où elles sont pratiquées. L'exploitant qui s'y adonne doit disposer d'une source d'engrais fiable. Le « petit élevage » remplissait traditionnellement cette fonction. Le déclin de l'élevage que révèle le petit nombre d'exploitants qui le pratiquent encore quelque peu s'explique sans doute en partie par une montée corrélative de l'utilisation des engrais artificiels. Une des constatations les plus intrigantes reste donc le revirement dans la tendance, C'est-à-dire une revalorisation de l'élevage. Il reste à savoir si cette revalorisation s'accompagne d'une revalorisation corrélative des cultures.

2.2 *Décisions se rapportant à l'ensemble des plantes*

Mis à part le cas du « petit élevage », les décisions qui se prendraient à propos des plantes pourraient, comme nous l'avons dit au chapitre précédent, être ou bien positives (impliquant soit l'introduction de nouvelles plantes soit l'accroissement des superficies déjà consacrées à certaines cultures), ou bien neutres (c'est-à-dire n'impliquant aucun changement), ou enfin négatives (impliquant soit la disparition de cultures déjà pratiquées ou simplement la diminution de superficies consacrées à certaines cultures). Dans l'ensemble, l'écart comprend 761 décisions (Tableau 10) dont 447 (soit 58,7 %) seraient positives. Dans un contexte de marginalisation croissante de la petite exploitation agricole et de dépendance alimentaire accrue, il est pour le moins choquant sinon scandaleux de voir qu'un tel réservoir de bonne volonté reste atrophié. Le fait que seulement 9,6 % des décisions seraient négatives fait exploser le mythe de l'apathie du petit paysan. De plus, comme la majorité des décisions positives (73,2 % ou 327 sur 447) concernent des introductions, voici qu'explose aussi le mythe de l'incapacité d'accepter des innovations qui collait à la réputation du petit paysan. Pourquoi ne tirerait-on pas partie de ce dynamisme refoulé ? Pourquoi l'inertie des autorités compétentes à l'égard des obstacles qui bloquent les petits exploitants ?

TABLEAU 10

Décisions potentielles mesurées par l'écart entre CUR et CUI

	Saint-Joseph		Morne-des-Esses		Total	
	N	%	N	%	N	%
Positives	274	71,9	173	45,5	447	58,7
Neutres	53	13,9	188	49,5	241	31,7
Négatives	54	14,2	19	5	73	9,6
Total	381	100	380	100	761	100

Des différences significatives existent entre les deux communautés à l'étude. Même si en nombre les décisions se répartiraient également entre elles (ce qui est un pur accident), les décisions positives joueraient un rôle beaucoup plus marquant à Saint-Joseph (71,9%) qu'au Morne-des-Esses (45,5%). L'engagement dans le changement ressort aussi du fait que le taux de décisions négatives est plus élevé à Saint-Joseph (14,2%) qu'à Mornes-des-Esses (5%). Par ailleurs, le Morne-des-Esses se distingue par rapport à Saint-Joseph par le poids de la stabilité (49,5% contre seulement 13,9%). Ainsi, nous nous trouvons devant deux communautés fortement contrastées face au changement: l'une voudrait bien s'y engager profondément, et l'autre préfèrerait davantage la continuité au changement.

De l'ensemble des décisions, 72 sur 761, soit seulement 9,5% toucheraient des cultures d'exportation; et, encore faut-il douter de la validité de ce chiffre, puisqu'il n'est pas toujours facile de distinguer sur les cartes si les bananes sont destinées à l'exportation ou simplement à la consommation domestique ou au marché local! Dans l'analyse subséquente, ces décisions sont traitées conjointement avec celles qui définissent la production alimentaire et florale (au nombre de 631). Les 130 décisions restantes feront ou ont déjà été l'objet de considérations spéciales (50 pour l'élevage et 80 pour les arbres fruitiers).

2.3 Décisions se rapportant spécifiquement aux plantes alimentaires, florales et commerciales

Si en rapport avec ces cultures (Tableau 11) destinées surtout à l'alimentation locale moins de décisions se prendraient à Saint-Joseph (47,4%) qu'à Morne-des-Esses (52,6%), près de la moitié y représentent des introductions (47,8%) contre moins d'un cinquième (19,3%) au Morne-des-Esses. Par ailleurs, à ce dernier endroit, plus de la

TABLEAU 11

Catégories de décisions en rapport avec l'ensemble des plantes alimentaires et florales

	Saint-Joseph		Morne-des-Esses		Total	
	N	%	N	%	N	%
Introduction	143	47,8	64	19,3	207	32,8
Accroissement	49	16,4	61	18,4	110	17,4
Stabilité	53	17,7	188	56,6	241	38,2
Diminution	16	5,4	15	4,5	31	4,9
Interruption	38	12,7	4	1,2	42	6,7
Total N	299		332		631	
Total %		47,4		52,6		100

moitié s'inscrivent dans la continuité (56,6%), alors qu'à Saint-Joseph la proportion tombe bien en-dessous d'un cinquième (17,7%).

Toutes ces décisions couvrent un vaste assortiment de cultures (32 en tout), qu'on peut regrouper en quatre catégories (Tableau 12). Les poids relatifs de ces catégories présentent de grandes inégalités, puisque à elles seules les deux premières qui regroupent essentiellement des plantes alimentaires comptent pour 88% des décisions. Encore ici, nos territoires à l'étude se comportent très différemment. Alors qu'à Saint-Joseph les décisions portent majoritairement sur les cultures maraîchères (65,2), on peut constater qu'au Morne-des-Esses elles se partagent presque également entre cultures maraîchères (46,1%) et cultures vivrières (40,7%). De plus, il importe de remarquer le poids double des cultures florales à Saint-Joseph (11,4% contre 6,7%) et le poids relativement plus lourd des cultures d'exportation au Morne-des-Esses (7,5% contre seulement 1,3%).

TABLEAU 12

Catégories de décisions en rapport avec les diverses catégories de cultures

	Saint-Joseph		Morne-des-Esses		Total	
	N	%	N	%	N	%
Cultures maraîchères	195	65,2	153	46,1	348	56,1
Cultures vivrières	66	22,1	135	40,7	201	31,9
Cultures d'exportation	4	1,3	25	7,5	29	4,6
Cultures florales	34	11,4	19	6,7	43	8,4
Total N	299		332		621	
Total %		47,4		52,6		100

TABLEAU 13

Catégories de décisions en rapport avec les seules cultures alimentaires (%)

	Saint-Joseph		Morne-des-Esses	
	(a)	(b)	(a)	(b)
Introduction	55,9	25,8	27,5	12,6
Stabilité	15,9	25,8	51,6	57
Accroissement	12,8	19,7	15,7	22,2
Diminution	3,6	12,1	2,6	8,1
Interruption	11,8	16,6	2,6	
Total	100	100	100	100
	(74,7)	(25,3)	(53,1)	(46,9)

(a) Cultures maraîchères.
(b) Cultures vivrières.

Pour poursuivre l'analyse, retenons seulement les deux premières catégories de cultures et voyons les types de décisions qui les touchent (Tableau 13). Tel qu'il vient d'être indiqué précédemment, des contrastes frappants existent entre les deux communautés. Au Morne-des-Esses, la stabilité est recherchée tant pour les maraîchères (51,6%) que pour les vivrières (57%). Par opposition, à Saint-Joseph, les décisions fortement biaisées du côté des cultures maraîchères (soit près de trois contre un) impliqueraient majoritairement des introductions (55,9%). De plus, cette dernière communauté se distingue par l'importance de ses décisions négatives, surtout en rapport avec les cultures vivrières (28,7% contre seulement 8,1% au Morne-des-Esses). Bref, alors qu'au Morne-des-Esses on recherche la stabilité, on est prêt à courir plus de risques à Saint-Joseph, en s'orientant davantage vers les cultures maraîchères et en s'éloignant sans bruit du modèle traditionnel qui accordait la prédominance aux cultures vivrières, comme c'est encore largement le cas au Morne-des-Esses.

Les cultures vivrières et maraîchères servent à des fins d'autoconsommation ou de commercialisation à l'intérieur du pays même. La distinction entre les vivrières et les maraîchères a perdu sa netteté avec le temps. Les exploitants parlent plus volontiers de « gros légumes » par opposition aux « petits légumes », ou « légumes-pays » par opposition à « légumes-France ». Ainsi, la distinction repose sur leur taille et leur poids, sur leur appartenance ou non au régime alimentaire traditionnel, sur leur pays d'origine avant leur introduction dans le régime alimentaire local. Elles servent maintenant toutes les deux à l'autoconsommation et sont indistinctement commercialisées localement.

TABLEAU 14

Potagers (%)

	Saint-Joseph	Morne-des-Esses	Total
Sur CUR :			
Présence	2	38	40
Sur CUI :			
Introduction	4	34	38
Stabilité		12	12
Augmentation	2	20	22
Total	6	66	72

Les « légumes-pays » ou « gros légumes » comprennent généralement des plantes à racines, telles que l'igname, le chou de Chine, la patate douce... Ce sont des cultures qui font partie de l'héritage culturel des Martiniquais. Une fois mis en terre, ils ne requièrent aucune attention particulière ; et si la commercialisation se fait difficile, ils peuvent rester en terre durant de longues périodes sans dépérir. Jusqu'à tout récemment, ils entraient dans l'alimentation de tous les jours. Par ailleurs, la culture des « petits légumes » exige beaucoup de soins et d'attention. Ils supportent assez mal les sécheresses et les pluies torrentielles qui sont le lot des Petites Antilles. De plus, ils sont beaucoup plus facilement périssables, de sorte que leur commercialisation doit se faire rapidement quand ils arrivent à maturité. Les Antillais ont longtemps été moins familiers avec ces cultures dont l'introduction dans leurs pays est relativement récente.

Cette dernière catégorie de plantes est parfois cultivée de façon indifférenciée dans un potager. L'aspiration à un potager est nettement une caractéristique du MdE, où il passerait de 38 % à 66 % (Tableau 14). Une autre désignation collective fréquemment utilisée sur les cartes est celle de « salades » ; les exploitations où elles seraient cultivées augmenteraient de 10 % passant de 26 % à 36 %. Ces deux désignations recouvrent sans doute en partie la même réalité que l'expression « cultures maraîchères » ; peut-être correspondent-elles à un premier stage dans l'acceptation des maraîchères, alors qu'elles seraient cultivées exclusivement pour fin d'autoconsommation dans un petit coin tout près de la maison pour mieux leur accorder la protection dont elles auraient grand besoin. Mais, elles présentent l'inconvénient d'être indifférenciées, de sorte que leur comptabilisation avec des plantes différenciées est susceptible d'introduire dans nos calculs une certaine marge d'erreur difficile à définir.

Au total, vingt-huit cultures différenciées apparaissent sur les cartes. Trois seulement font partie des vivrières ou « gros légumes »

TABLEAU 15

La diversité des cultures maraîchères

	Saint-Joseph						Morne-des-Esses					
	1	2	3	4	5	6	1	2	3	4	5	6
M Asperges	1	1										
M Aubergines	3											
Café								3				
Cannelle						3						
M Carotte	3		1				3	1				
M Céleri	8	1	2			1			1			
M Chou-fleur	8	5	3	1		4						
M Chou	7	9	4	1	3	3	1	2	1		2	2
M Christophine	1			1				15				3
M Concombre	5				2	2	2	7				
M Cresson	1				1							
M Epinard	2				1							
M Giromson	3	2			3	3	1	6				1
M Haricot							2	6	1	3	1	1
M Laitue	17	8	4	2	3	4	2	1				
M Maïs	3		1		1						1	
M Navet	2				3	1		1				
M Oignon-Pays	14	3	2	1	2	3	1	1				
Pois d'Engaule	12	2	3		1	2			1			
Pois tendre			1									
M Persil	1											
M Piment										1		
M Poivron	1											
M Radis	10		2	1	2	1						
M Tomate	5		1		1		3	13	1			
Salades							10	17	9			5
Potagers	2		1				17	6	10			
Total	109	31	25	7	23	27	42	79	24	4	4	12

1. Introduction
2. Stabilité
3. Accroissement
4. Diminution
5. Disparition
6. Présence (là où il n'y a pas de CUI)

M : Maraîchère

(Tableau 16), tandis que les maraîchères comprennent pas moins de vingt et une cultures différentes (Tableau 15). L'éventail des vivrières reste constant d'un endroit à l'autre et ne serait pas appelé à varier. Mais, il n'en est pas de même pour les maraîchères : leur diversité augmenterait sur les CUI par rapport aux CUR et elles resteraient régulièrement plus nombreuses à SJ qu'au MdE. Ainsi, si on se fonde sur la diversité, on en trouve davantage à SJ qu'au MdE (Tableau 17), soit 21 contre 14.

TABLEAU 16

Cultures vivrières

	Saint-Joseph						Morne-des-Esses					
	1	2	3	4	5	6	1	2	3	4	5	6
Igname	8	10	7	5	2	6	1	22	15	3		8
"Couscous"							12	2		1		2
Chou de Chine	4	4	3	3	3	2		29	11	1		9
Patate douce	5	3	3		6	3	4	24	4	6		6
Total	17	17	13	8	11	11	17	77	30	11		25

1. Introduction
2. Stabilité
3. Accroissement
4. Diminution
5. Disparition
6. Présence (là où il n'y a pas de CUI)

M : Maraîchère

Bref, le MdE se distinguerait par un affermissement des cultures vivrières, alors que SJ bénéficierait d'un véritable regain en faveur des maraîchères. Sans doute, les points de départ (*i.e.* les CUR) ne sont-ils pas les mêmes pour les deux endroits (Tableau 17). En fait, les décisions que révèlent les CUI au sujet des vivrières ne semblent être que le prolongement d'une situation déjà existante au MdE. Mais, il y aurait net renversement des tendances à l'égard des maraîchères. Parce que l'espace est davantage occupé au MdE, le rôle des introductions y serait forcément moindre ; de sorte que les introductions pourraient clairement distinguer SJ par rapport au MdE.

TABLEAU 17

Présence des cultures maraîchères et vivrières sur les cartes d'utilisation réelle du sol

	Saint-Joseph			Morne-des-Esses			Ensemble		
	N	%	%	N	%	%	N	%	%
M	113	65,3		123	46,2		236	53,8	
			47,9			52,1			100
V	60	34,7		143	53,8		203	46,2	
			29,6			70,4			100
Total	173	100		266	100		439	100	
			39,4			60,6			100

TABLEAU 18

Écart global entre cartes d'utilisation réelle et idéale du sol : vivrières et maraîchères

	Saint-Joseph			Morne-des-Esses		
	1	2	3	1	2	3
Maraîchères	68,7	15,4	84,1	43,2	5,2	48,4
Vivrières	45,5	28,7	74,2	34,8	8,1	42,9

1. Ecarts positifs (%).
2. Ecarts négatifs (%).
3. Ecarts totaux (%).

Aussi, l'écart global entre les CUR et les CUI, mesuré par la somme des écarts négatifs et positifs ressort-il comme nettement plus prononcé à SJ qu'au MdE. (Tableau 18).

Les changements tant négatifs que positifs exercent presque deux fois plus de poids à la fois pour les vivrières et les maraîchères à SJ qu'au MdE. La situation à SJ apparaîtrait donc carrément en mutation alors que par contraste elle resterait relativement stable au MdE.

2.4 *Cultures commerciales*

Les décisions touchant ces cultures (Tableau 19) ne comptent que pour 13% de toutes les décisions. Il s'agit de décisions qui portent sur des cultures essentiellement destinées à la commercialisation à l'intérieur ou à l'extérieur du pays. Parmi elles on reconnaît en premier lieu les plantes traditionnelles d'exportation, plus précisément la canne et la banane ; et en second lieu des plantes d'introduction récente au pays, dont la commercialisation se fait en partie au pays et en partie en métropole : ce sont les cultures florales, et plus particulièrement l'anthurium.

Les décisions qui seraient prises à leur égard exerceraient dans l'ensemble des poids comparables aux deux endroits quant au total des décisions touchant les cultures, soit 12,7% à SJ et 14,2% au MdE (Tableau 12). Mais alors qu'à SJ, elles accorderaient d'emblée leur faveur aux cultures florales dans une proportion de 89,5% des cas (Tableau 19), elles seraient beaucoup plus partagées au MdE même si une légère préférence irait aux cultures d'exportation (56,8% des cas contre 43,2% aux cultures florales).

Sur le plan des types de décision, on retrouve les mêmes caractéristiques pour chacun des endroits à l'étude que dans le cas des

TABLEAU 19

Décisions à l'égard des cultures commerciales

	Saint-Joseph		Morne-des-Esses		Total	
	N	%	N	%	N	%
Cultures d'exportation	4	10,5	25	56,8	29	35,4
Cultures floréales	34	89,5	19	43,2	53	64,6
Total	38	100	44	100	82	100
	46,3		53,7		100	

vivrières et maraîchères (Tableau 20). Au MdE une situation de stabilité se reflèterait dans 71,1 % des décisions qui seraient effectivement prises (32 sur 44), des changements ne découlant que de 26,7 % des décisions. À l'inverse à SJ, des changements en résulteraient dans 86,4 % des cas (73,6 % étant des changements positifs et 13,1 % des changements négatifs) ; et parmi les changements positifs la palme irait nettement aux introductions (44,7 %).

La stabilité serait généralisée au MdE ; elle toucherait presque autant les cultures florales (68,4 %) que les cultures d'exportation (73,1 %). Au contraire à SJ, les changements positifs seraient clairement le fait des cultures florales (89,3 %) qui ici représentent 89,5 % de toutes les décisions prises au sujet des cultures commerciales. Les décisions d'introduire des cultures florales seraient une caractéristique dominante de SJ (88,2 % de toutes les décisions d'introduction) tout comme les décisions de poursuivre ou d'accroître la culture de la

TABLEAU 20

Types de décisions en rapport avec les cultures commerciales

	Saint-Joseph		Morne-des-Esses	
	E	F	E	F
Introduction	2	15		5
Stabilité		5	19	13
Accroissement	1	10	6	1
Diminution		1		
Disparition	1	3		
Présence			1	
Total	4	34	26	19

E : Cultures d'exportation.
F : Cultures florales.

TABLEAU 21

Décisions touchant les arbres fruitiers (N)

	CUR	CUI	Différence	
Saint-Joseph	354	412	58	16,4%
Morne-des-Esses	628	641	22	3,5%
Ensemble	982	1 053	80	8,1%

canne ou de la banane distingueraient le MdE (96,2% de toutes les décisions de ce type).

2.5 *Les arbres fruitiers*

L'apparition des arbres fruitiers sur les exploitations agricoles aux Antilles est rarement le résultat d'une décision formelle. Il peut difficilement en être autrement si l'on tient compte de la longue période qui précède la production. Le hasard est la plupart du temps responsable de l'apparition des arbres fruitiers. De sorte qu'il n'y a pas lieu de s'étonner du petit nombre de décisions qui seraient prises à leur égard. Et un seul type de décision est possible, notamment celui de faire surgir de nouveaux arbres (Tableau 21).

Ainsi, le passage des CUR aux CUI ne serait marqué que par un accroissement du nombre d'arbres fruitiers de l'ordre de 8,1% dans l'ensemble. On peut toutefois remarquer que ce changement caractériserait davantage SJ (16,4%) que le MdE (3,5%).

2.6 *Résumé et conclusion*

La comptabilité des décisions, telle qu'elle vient d'être faite, postule évidemment qu'une importance égale soit accordée à chacune de ces décisions. Dans un système de polyculture où de petites quantités de cultures multiples sont en cause, ce postulat se trouvait parfaitement justifiable. Il permettait en particulier de dégager clairement la dynamique du système.

Une étude antérieure[3] a déjà démontré que le petit exploitant martiniquais manifeste plus d'ingéniosité dans l'utilisation de son exploitation que ne le fait le gros exploitant. Nous venons aussi de voir qu'à ses yeux cette performance se situe en deça de celle à laquelle il vise. Pour que réussisse toute modernisation de l'agriculture antillaise, il importe de la planifier afin qu'elle assure le plus possible la réalisation des aspirations du petit exploitant. L'utilisation qu'il ferait de ses espaces n'est pas uniforme dans l'île. Elle révèle un individu en évolution, toujours prêt à s'ajuster à un environnement

TABLEAU 22

L'ensemble des décisions

	1	2	3	Total %	Total N
Saint-Joseph	6,3%	78,5%	15,2%	100%	381
Morne-des-Esses	6,8%	87,4%	5,8%	100%	380
Ensemble	6,6%	82,9%	10,5%	100%	761
N	50	631	80		

1. Nombre de décisions se rapportant à l'élevage.
2. Nombre de décisions se rapportant aux cultures.
3. Nombre de décisions se rapportant aux arbres fruitiers.

qui n'en finit plus de changer. Le contraste entre les deux communautés à l'étude se voit accentué par les décisions que prendraient les exploitants agricoles si on leur donnait plus de contrôle sur leur environnement.

Dans l'ensemble, près de 83 % d'entre elles porteraient sur les cultures (Tableau 22) avec une importance plus considérable au MdE (87,4 %) qu'à SJ (78,5 %). Les décisions à l'égard des maraîchères prédomineraient nettement à SJ, alors qu'au MdE des pourcentages comparativement élevés des décisions porteraient sur les vivrières. SJ se distinguerait aussi nettement par l'importance relative attachée aux arbres fruitiers (15,2 %) par comparaison avec le MdE (5,8 %).

Ces nombreuses différences dans le processus décisionnel s'expliquent sans doute par les caractéristiques socio-économiques (chapitre 6), par leurs perceptions de l'environnement (chapitre 7) et par leurs attitudes (chapitre 8).

III

Explication des écarts

Introduction

La considération de départ pour expliquer les différences dans les écarts entre les CUR et les CUI est la situation de contraste pour l'avenir entre désirs observés et intentions réelles (Tableau 23) ; le gaspillage de dynamisme est par trop évident. Des décisions positives et négatives qu'on voudrait prendre ne seront pas prises. Les décisions favorisant la stabilité l'emporteront considérablement sur tout autre type de décisions, tant à SJ (différence de 54,5%) qu'au MdE (différence de 60,3%) ; et cet immense gain de la stabilité se fera surtout au dépens des décisions positives. En d'autres mots, on continuera à faire ce qu'on a toujours fait, tout en étant bien conscient qu'on pourrait faire beaucoup mieux. Et ceci est nettement plus vrai au MdE qu'à SJ. Sans doute, par définition, un idéal n'est-il pas atteignable. Mais, le conservatisme où l'on se réfugie ressemble de près à une forme de résignation.

Dans l'avenir immédiat (*i.e.* l'an prochain), les projets de changements n'affecteront qu'une partie négligeable des exploitants au MdE (8%) ; mais à SJ, ils toucheront une partie près de quatre fois plus considérable (31,6%), et près des trois quarts des changements impliqués (26,4%) se feront dans un sens positif, même s'il ne s'agit que d'accroissements et non d'introductions. Toutefois, alors qu'au MdE on ne prévoit pas de perte pour l'agriculture, il n'en est pas de même pour SJ où près de 5,2% des exploitants indiquent une tendance vers le désengagement complet.

Ainsi, dans l'attente d'un environnement plus favorable à la réalisation de leur idéal, les exploitants du MdE se réfugieront surtout dans la stabilité ou la stagnation (92%). Au contraire, à SJ, un nombre

TABLEAU 23

Intentions réelles pour l'année prochaine par comparaison avec désirs exprimés

	Saint-Joseph			Morne-des-Esses		
	a	b	c	a	b	c
Décisions positives	71,9%	26,4%	-45,5%	58,7%	8 %	-50,7%
Décisions neutres	13,9%	68,4%	+54,5%	31,7%	92 %	+60,3%
Décisions négatives	14,2%	5,2%	- 9 %	9,6%	0 %	- 9,6%
	100	100	000	100	100	000

non négligeable s'engageront dans le changement (31,6%). Il semblerait qu'à SJ on soit légèrement plus enclin à s'engager sur le chemin de l'idéal démontré sur les CUI. La question ne consiste donc pas seulement à expliquer l'écart observé entre les CUR et les CUI, mais aussi la plus grande inclination des exploitants de SJ à tenter de combler cet écart par rapport à ceux du MdE.

Sans doute existe-t-il des différences socio-économiques significatives entre les deux communautés (chapitre 6) ! Elles aident évidemment à comprendre la raison d'être des écarts entre comportements observés et comportements désirés, ainsi que les différences entre les deux communautés étudiées. Mais elles ne les expliquent pas dans leurs raisons profondes. Les décisions de désengagement progressif qu'ont prises les exploitants relèvent avant tout de la façon avec laquelle ils entrevoient ou perçoivent leur environnement, soit le mode de faire valoir et la taille de leur exploitation, la détérioration climatique et pédologique, la topographie, les rendements, l'écoulement des produits sur le marché domestique et l'encadrement technique (chapitre 7). Enfin ces perceptions des exploitants, comme toute perception, reposent fondamentalement sur l'information dont ils disposent à l'égard de leur environnement et sur les valeurs qu'ils attachent à cette information, soit leurs préférences (chapitre 8).

6

Statut socio-économique

Sur le plan des différences socio-économiques, il convient de commencer avec l'âge et le sexe des exploitants. Mais, nous nous attarderons surtout sur leurs obligations familiales, la suffisance ou l'insuffisance des revenus tirés de leurs exploitations, et par conséquent du recours ou du non-recours à une occupation extérieure pour compléter ces revenus.

1. LES ÂGES DES EXPLOITANTS (Tableau 24)

L'âge moyen des exploitants est élevé (54,2 ans) et diffère peu d'une communauté à l'autre (55,3 à SJ et 53 au MdE), Mais, la structure d'âge révèle un âge modal considérablement moins élevé au MdE (42 ans) qu'à SJ (52 ans), étant donné que les âges maximal et minimal y sont moins élevés (soit 22 et 83 ans pour le MdE et 31 et 90 pour SJ). Comme nous le verrons plus loin, ils sont rares ceux qui invoquent leur âge pour expliquer leur comportement. En fait, si l'on associe âge et attachement à la tradition, il est étrange que l'âge modal le moins élevé se rencontre dans la communauté caractérisée par un lourd poids de décisions de stabilité ; si le facteur de l'âge devait jouer un rôle décisif, on devrait plutôt rencontrer l'âge modal le plus élevé dans cette dernière communauté. Au contraire, l'âge modal le plus élevé appartient à la communauté qui semble accepter le changement le plus facilement.

2. SEXE DES EXPLOITANTS

Les exploitants appartiennent davantage au sexe masculin au Morne-des-Esses (92 % des répondants) qu'à Saint-Joseph (67,3 % des

TABLEAU 24

Âges des exploitants agricoles

	Saint-Joseph		Morne-des-Esses	
	N	%	N	%
Entre 21 et 30 ans			1	2
Entre 31 et 40 ans	7	14,3	4	8
Entre 41 et 50 ans	9	18,4	15	30
Entre 51 et 60 ans	19	38,8	18	36
Entre 61 et 70 ans	9	18,4	9	18
Au-dessus de 70 ans	5	10,2	3	6
Total	49	100	50	100
Manque	1		0	
	50		50	

répondants). Sans doute le rôle quatre fois plus grand des femmes comme chefs d'exploitation en ce dernier endroit (32,7 %) que dans le premier (8 %) contribue-t-il en partie à expliquer les différences observées ! La proximité de la ville semble stimuler différemment les hommes et les femmes dans la modification de leurs comportements : les hommes profitent sans doute davantage des possibilités de diversification d'occupations qu'offre la ville et les femmes accèdent peut-être plus facilement au rôle de chef d'exploitation. Par comparaison, la situation est beaucoup plus figée dans la stabilité au MdE.

3. *COMPOSITION DES MÉNAGES* (Tableaux 25 et 26)

Les obligations familiales diffèrent considérablement d'une communauté à l'autre. Le nombre moyen d'enfants à charge (15 ans et moins) varie presque du simple au double entre Saint-Joseph et le Morne-des-Esses (soit 1,13 contre 2,04). Non seulement le nombre d'exploitants avec charge d'enfants est-il supérieur au Morne-des-Esses (64,6 % contre 40,6 % à Saint-Joseph), le nombre moyen d'enfants à leur charge y est aussi plus élevé (3,16 contre 2,79 à Saint-Joseph). Et le poids des grosses familles (définies comme comprenant au moins trois enfants y atteint presque le double (33,4 % contre 17 % pour Saint-Joseph). À l'inverse, Saint-Joseph se distingue par le poids considérable des exploitants sans enfant (59,6 % contre seulement 35,4 % au Morne-des-Esses).

Le petit exploitant agricole semble davantage partager ces lourdes responsabilités familiales avec un conjoint au Morne-des-Esses

TABLEAU 25

Enfants des exploitants (ayant moins de 15 ans)

Nombre d'enfants	Saint-Joseph N	Saint-Joseph %	Morne-des-Esses N	Morne-des-Esses %
0	28	59,6%	17	35,4%
1	4	8,5%	6	12,5%
2	7	14,9%	9	18,8%
3	4	8,5%	6	12,5%
4			5	10,4%
5	2	4,3%	1	2,1%
6	1	2,1%	1	2,1%
7	1	2,1%	1	2,1%
8				
9			2	4,2%
Total	47	100 %	48	100 %
Manquent	3		2	
	50		50	

qu'à Saint-Joseph. Par ailleurs, le poids des tierces personnes est considérable en ce dernier endroit : 0,86 par ménage contre aucune au Morne-des-Esses.

Bref, malgré une quasi-égalité dans la taille des ménages entre les deux communautés (3,6 membres à Saint-Joseph et 3,8 au Morne-des-Esses), celle qui est située en bordure de la ville semble se caractériser par plus d'adultes et moins d'enfants, tandis que la plus éloignée comprend plus d'enfants et moins d'adultes.

TABLEAU 26

Conjoints des exploitants

	Saint-Joseph		Morne-des-Esses	
N'ont pas ou n'ont plus de conjoints	16	32%	6	13,6%
En ont un	34	68%	38	86,4%
Total	50	100%	44	100%
Manquent	0		6	
	50		50	

4. *AUTOCONSOMMATION ET SURPLUS À ÉCOULER*

Les raisons spontanément avancées par les exploitants pour expliquer l'utilisation qu'ils font de leurs sols accordent nettement la priorité à l'autoconsommation ; mais, à l'encontre de toute attente, l'autoconsommation est invoquée de façon à peu près égale dans les deux communautés (Tableau 27). La différence principale se situe au niveau de la disposition d'un surplus pour fin d'écoulement sur le marché ; avec des obligations familiales plus grandes et une main-d'œuvre familiale moindre, les exploitants du Morne-des-Esses semblent davantage tournés vers une économie de marché (13 % contre seulement 6,8 % à Saint-Joseph).

TABLEAU 27

Raisons des utilisations du sol

	Saint-Joseph		Morne-des-Esses	
Autoconsommation	39	88,6%	40	87 %
Vente	2	4,5%	2	4,3%
Autoconsommation et vente	1	2,3%	4	8,7%
Location au tiers	2	4,5%		
Total	44	100 %	46	100 %
Manquent	6		4	
	50		50	

TABLEAU 28

Surplus à écouler

	Saint-Joseph		Morne-des-Esses	
Toute la production en maraîchères	1	4,5%		
Trois quarts de la production			21	46,7%
Moitié de la production			12	26,7%
Le quart de la production	5	22,7%	9	20 %
Le quart de la production en vivrières	1	4,5%		
Aucun surplus à écouler	15	68,2%	3	6,7%
Total	22	100 %	45	100 %
Manquent	28		5	
	50		50	

Pourtant ces informations fournies spontanément au cours des entrevues voilent une surestimation de l'autoconsommation[1] par rapport à la vente. C'est ce que font ressortir des questions plus explicites. Elle est sûrement évidente au MdE où seulement 6,7% déclarent ne pas avoir de surplus à écouler; pas moins de 93,4% se disent en mesure de vendre au moins le quart de leur production; et pour la moitié d'entre eux (46,7%), cette part s'élève même jusqu'aux trois quarts de leur production. La surestimation de l'autoconsommation n'est pas aussi marquée à SJ, où plus des deux tiers (68,2%) déclarent n'avoir aucun surplus à écouler; seulement 31,7% révèlent pouvoir vendre au moins le quart de leur production; et ceux qui peuvent mettre sur le marché plus des trois quarts comptent à peine pour 4,5% des exploitants.

Bref, l'apport de la production agricole aux revenus des ménages se révèle considérablement plus important au MdE qu'à SJ, de sorte que le recours à des occupations extérieures à l'exploitation agricole pour y chercher des compléments de revenu y apparaît aussi moins impératif.

5. *OCCUPATION EXTÉRIEURE*

Aucune tentative de mesurer les revenus des exploitants n'a été faite. En plus d'être coûteux, ce genre d'exercice prêtait flanc à trop de malentendus possibles pour que la chandelle en vaille la peine. Dans une étude où les comportements sont vus comme résultant des perceptions de l'environnement, il nous est apparu plus utile de savoir comment ils évaluaient les salaires retirés de leurs occupations extérieures par rapport à la part des revenus obtenus de leurs exploitations.

Parce qu'une exploitation devrait procurer à son chef tous les revenus dont il a besoin pour pourvoir à ses obligations familiales et vivre décemment, le recours ou le non-recours à des occupations extérieures constitue une mesure valable du succès ou de l'insuccès de la petite exploitation agricole. Déjà dans le monde traditionnel, la taille d'une exploitation considérée comme petite pouvait varier d'un pays à l'autre, en conformité avec les variations dans le potentiel des sols et dans les systèmes agraires. Dans le monde de changement qui est le nôtre, elle peut aussi subir des modifications dans le temps en un même pays selon le rythme d'augmentation des besoins et d'accroissement des engrais. De sorte que nous pouvons présentement observer des contrastes saisissants entre les pays, à partir de 26,8 hectares à Cuba[2] jusqu'à moins d'un hectare au Japon[3]. Grigg remarque que les pays caractérisés par un système agraire où les exploitations inférieures à 5 hectares représentent moins de 56% de l'ensemble des exploitations font tous partie des pays développés ; tandis que ceux où elles dépassent 56% se rangent dans les pays sous-développés[4]. À lui seul, ce critère suffit pour classer la Martinique dans cette dernière catégorie.

Même s'il n'est pas facile de réfuter l'argument de l'incapacité de la petite exploitation agricole à rencontrer les besoins de l'exploitant[5], l'espace désigné comme économiquement viable dans les Antilles françaises présente une taille légèrement supérieure à celle de la moyenne de l'ensemble des petites exploitations traditionnelles (soit un peu plus de 3,5 hectares) ; il est théoriquement censé suffire pour assurer le plein emploi d'une famille de cinq personnes, c'est-à-dire sans avoir à recourir à une occupation extérieure[6]. Cette norme officielle n'est pas sans fondement populaire.

Nous avons pu le vérifier en demandant aux petits exploitants si à leurs yeux une superficie aussi restreinte que trois hectares suffisait pour qu'ils y pratiquent l'agriculture. Si rien ne peut être dit de SJ où les données à ce sujet n'ont pas été recueillies, aucune ambiguïté ne subsiste dans le cas du MdE, où 90,4% des exploitants présentent à cet égard une attitude nettement positive (21,4% légèrement d'accord avec la proposition ; 47,6% moyennement d'accord, 19% fortement d'accord, et 2,4% très fortement d'accord). Seulement 2,4% se rangent du côté négatif, et 7,1% se déclarent incapables de pencher d'un côté ou de l'autre. Évidemment, l'énoncé proposé ne précisait pas si l'agriculture en question en était une de rentabilité ou de simple autoconsommation ; il est possible que les réponses reflètent en partie cette ambiguïté. Mais, qu'il vaille la peine pour un chef de famille de pratiquer l'agriculture sur les petites exploitations agricoles semble un fait communément admis.

Pourtant, comme il arrive souvent dans les études de comportement, il existe une marge entre une déclaration de croyance ou même une attitude et l'action qui devrait logiquement en découler. Ainsi, 43,5% des petits exploitants de notre échantillon semblent avoir un comportement qui va à l'encontre de cette croyance populaire, parce qu'ils recourent à une occupation extérieure (Tableau 29). Cette part est nettement plus élevée à SJ (58,7%) qu'au MdE (28,3%). En ce dernier endroit, la majorité des exploitants (71,7%) sont davantage en mesure de se consacrer à leur exploitation (contre seulement 41,3% à SJ). De plus, les occupations extérieures y sont davantage considérées simplement comme des sources de revenu d'appoint (15,2% contre 8,7%). Au contraire, à SJ elles ressortent bien plus comme des sources uniques, du moins principales, de revenus (50% contre seulement 13,1%) ; peu ou pas grand-chose ne provient de l'exploitation. Au total, la nécessité d'un surplus à l'autoconsommation pour la vente au marché apparaît davantage comme une nécessité au MdE qu'à SJ.

TABLEAU 29

Part des revenus tirée des occupations extérieures

L'emploi est :	Saint-Joseph		Morne-des-Esses	
. La source unique de revenu	11	23,9%	1	2,2%
. La source principale	9	19,6%		
. La source des trois quarts	3	6,5%	5	10,9%
. La source de la moitié			7	15,2%
. Une source complémentaire	4	8,7%		
Ont une occupation extérieure	27	58,7%	13	28,3%
N'en ont pas	19	41,3%	33	71,7%
Total	46	100 %	46	100 %
Manquent	4		4	
	50		50	

6. *TYPES D'OCCUPATIONS EXTÉRIEURES*

Aussi ne sommes-nous pas surpris de constater que les occupations extérieures à l'exploitation apparaissent plus en rapport avec l'agriculture au MdE, tandis que SJ se distingue par un fort taux d'occupations extérieures de nature urbaine (Tableau 30). Alors que dans l'ensemble moins de 40% de ceux qui déclarent pratiquer une activité extérieure sont engagés dans des activités directement reliées à l'agriculture, la situation contraste d'un endroit à l'autre. À SJ, les activités de nature urbaine dominent très nettement (74,1%), alors qu'au MdE ce sont davantage les activités de nature rurale (62,5%) qui l'emportent[7].

Les plantations environnantes constituent essentiellement les sources d'emploi en milieu rural[8]. Les lieux des emplois de nature

TABLEAU 30

Activités extérieures

	Saint-Joseph		Morne-des-Esses	
Activités reliées à l'agriculture	7	25,9%	10	62,5%
Activités reliées à la ville	20	74,1%	6	37,5%
Total	27	100 %	16	100 %
Manquent	23		34	
	50		50	

TABLEAU 31

Lieux des activités extérieures de nature urbaine

	Saint-Joseph	Morne-des-Esses
Fort-de-France	10	1
Le bourg communal	1	2
Sur place, tout près	2	2
Un autre bourg plus distant		1
Le chantier de la Manzo et le cimetière de la Levée	2	
Total	15	6
Manquent	5	
	20	6

urbaine sont plus dispersés, avec une nette concentration à Fort-de-France pour les exploitants de SJ (Tableau 31). En fait, plus de 60% des emplois urbains à SJ se situent à Fort-de-France, tandis que ce sont les bourgs qui remplissent cette fonction pour le MdE.

7. *URBANISATION ET QUALITÉ DE VIE*

Naturellement, ces rapports différents avec les milieux urbain et rural environnants se traduisent par une fréquentation différentielle de la ville de Fort-de-France. Les exploitants de Saint-Joseph déclarent se rendre à Fort-de-France beaucoup plus fréquemment que ceux du Morne-des-Esses (Tableau 32). Ils acceptent même de fournir des précisions au sujet de cette fréquentation (*v.g.* tous les jours dans 22,6% des cas), alors que ceux du Morne-des-Esses s'en tiennent à de vagues estimations (*v.g.* « souvent » dans 40% des cas). Étant donné qu'ils sont soumis plus fréquemment au bombardement continu de l'information qui caractérise le milieu urbain, les exploitants de Saint-Joseph se sentent plus conditionnés pour accepter le changement que ceux du Morne-des-Esses.

L'acceptation d'un modèle mental nouveau en agriculture entre en corrélation positive avec l'acceptation d'innovations diffusées par le milieu urbain. Ainsi, à titre d'exemple, en va-t-il de l'électricité (Tableau 33) et de l'eau courante (Tableau 34). Dans cette perspective, le modèle économique d'utilisation du sol peut apparaître comme une innovation. L'exposition à la stimulation de l'environnement urbanisé contribue au desserrement de l'emprise du modèle écologique et à la formation d'une disposition favorable à l'innovation en général, de sorte que l'acceptation de nouvelles innovations s'en trouve facilitée.

TABLEAU 32

Fréquence des visites à Fort-de-France

	Saint-Joseph		Morne-des-Esses	
	N	%	N	%
Tous les jours	7	22,6%		
Une ou deux fois par semaine	16	51,6%	1	2%
Deux fois par mois	2	6,5%		
Une ou deux fois par année				
Rarement	3	9,7%	20	40%
Parfois			7	14%
Souvent	1	3,2%	20	40%
Jamais	2	6,5%	2	4%
Total	31	100 %	50	100%
Manquent	19			
	50		50	

TABLEAU 33

Électricité

	Saint-Joseph		Morne-des-Esses	
	N	%	N	%
Ont l'électricité	17	40,5%	4	8%
Ne l'ont pas	25	59,5%	46	92%
Total	42	100 %	50	100%
Manquent	8			
	50		50	

TABLEAU 34

Eau courante

	Saint-Joseph		Morne-des-Esses	
	N	%	N	%
Ont l'eau courante	35	87,5%	11	22%
Ne l'ont pas	5	12,5%	39	78%
Total	40	100 %	50	100%
Manquent	10			
	50			

8. CONCLUSION

La symbiose entre petites et grandes exploitations semble se poursuivre au MdE, de sorte que la dépendance à l'égard de l'agriculture y est nettement plus prononcée qu'à SJ. Les formes traditionnelles d'agriculture, avec la dominance sinon l'exclusivité accordée aux plantes vivrières, s'y maintiennent avec succès. Par ailleurs, la proximité de FdF à SJ semble avoir amené une rupture avec ces traditions par la substitution d'emplois de type urbain aux emplois de type agricole ; cette urbanisation s'accompagne d'une désagrégation des formes traditionnelles d'agriculture où les vivrières occupaient toute la scène, et favorise la mise en place de nouvelles formes davantage axées vers la satisfaction des citadins telles que la culture des maraîchères. Ainsi, la production alimentaire qui reste la fonction dominante en des milieux comme le MdE n'est pas entièrement interrompue par l'effet de l'urbanisation ; elle évolue en partie vers une forme nouvelle plus en conformité avec les besoins de la ville.

L'explication par les différences existant entre les statuts socio-économiques apporte des éclaircissements. Mais, dans le cas de la Martinique, où la départementalisation a eu des effets qui ont atteint tous les recoins du pays, elle paraît nettement insuffisante et même grossière. En effet, la finesse du réseau routier actuel et l'universalité du régime des sécurités sociales font que tous les Martiniquais ont été touchés par la départementalisation. Comment dans un si petit pays expliquer plus en profondeur les différences observées entre des communautés aussi géographiquement proches l'une de l'autre que celles de SJ et du MdE ?

7

Perception de l'environnement

DIFFÉRENCES DANS LA PERCEPTION DE L'ENVIRONNEMENT

À l'égard des revenus dont ils ont besoin, les petits exploitants doivent se situer sur un double continuum, comme nous venons de le voir, c'est-à-dire production domestique d'un côté et occupation extérieure de l'autre ; et s'ils optent pour la production domestique, autoconsommation d'un côté et marché de l'autre. Les décisions qu'ils prennent à ce sujet déterminent leurs statuts socio-économiques. Mais, ces décisions ne sont pas prises à l'aveuglette. Elles dépendent directement à la fois de leurs façons de voir leur environnement, comme nous allons le voir dans le présent chapitre ; et du système de valeurs qu'ils se sont construit pour eux-mêmes dans le passé, comme nous l'étudierons dans le chapitre suivant.

L'environnement dans lequel vit le petit exploitant agricole est complexe. Ses dimensions naturelles et culturelles sont nombreuses. Nous n'en retiendrons ici que quelques-unes, notamment l'environnement foncier, quelques particularités de l'environnement physique comme le climat, les sols et la topographie, et enfin certaines caractéristiques de l'environnement économique tels les rendements obtenus et les facilités d'écoulement sur le marché.

1. L'ENVIRONNEMENT FONCIER

1.1 Les modes de faire-valoir

L'écart constaté entre les deux endroits s'explique en partie par des différences dans les modes de faire-valoir. Au MdE persiste

TABLEAU 35

Modes de faire-valoir

	Saint-Joseph		Morne-des-Esses	
Propriétaire	17	36,2%	26	52%
Héritier (sans précision)	24	51,1%	6	12%
Héritier d'une propriété indivise	6	12,8%		
Héritier d'une propriété divisée			1	2%
Colon			15	30%
Fermier			2	4%
Total	47	100 %	50	100%
Manquent	3			
	50		50	

un mode de faire-valoir apparemment anachronique (Tableau 35): pas moins de 30% des exploitants sont en colonage, alors que ce mode de faire-valoir n'existe plus à SJ. Pourtant, comme nous l'avons vu précédemment (chapitre 5), les cartes d'utilisation réelle du sol indiquent une nette dominance des cultures vivrières par rapport aux autres cultures sur ces exploitations. Il ne s'agirait donc plus d'un colonat de type traditionnel, fondé sur des liens de dépendance serrée à l'égard de l'usine sucrière. Il n'est plus orienté vers l'approvisionnement de l'usine en canne; comme nous l'avons déjà vu (cf. chapitre 6) il existe davantage en fonction de l'autoconsommation ou du marché (local, régional ou départemental). Les détenteurs du « contrôle sociologique » dont parle Raymond Masé[1] seraient donc moins les « békés » que les petits exploitants eux-mêmes. Il n'en reste pas moins que de graves conditions d'incertitude caractérisent le colonage. Il n'encourage pas les investissements à long terme, tels que l'irrigation et l'enrichissement des sols. Les exploitants se contentent alors de faire pousser des cultures qui n'exigent ni trop de soin ni trop d'entretien. Seules les cultures vivrières répondent à ce besoin d'indépendance. Aussi les colons constituent-ils un groupe d'exploitants qui voient peu d'intérêt dans la culture des maraîchères. Leur poids dans la communauté du MdE est assez fort pour infléchir l'image qu'elle projette à l'extérieur, par opposition à celle que projette une communauté où l'attraction de l'urbanisation exerce un rôle dominant.

L'éloignement relatif de la ville explique en partie la survivance du colonage au MdE. Les travailleurs qui ne possèdent pas de terre ne bénéficient pas d'alternative à la dépendance traditionnelle à l'égard des exploitations agricoles. La plantation a longtemps été seule à leur offrir de l'emploi; et comme il s'agit la plupart du temps d'emplois

TABLEAU 36

Superficies des exploitations

	Saint-Joseph		Morne-des-Esses	
	Perçues	Réelles	Perçues	Réelles
Moins de 0,5 hectares	2%	36%		78%
0,5 - 1 hectares	24%	48%	2%	8%
1 - 1,5 hectares	10%	10%	42%	8%
1,5 - 2 hectares	2%	4%	10%	
2 - 2,5 hectares		2%	24%	6%
2,5 - 3 hectares			12%	
Entre 0,5 et 3 hectares	62%		2%	
Information manquante			6%	
Plus de 3 hectares			2%	
Total	100%	100%	100%	100%

saisonniers, le recours au colonage comme supplément s'avère une nécessité pour joindre les deux bouts.

1.2 SUPERFICIES RÉELLES ET SUPERFICIES PERÇUES

Si l'influence du mode de faire-valoir sur les décisions d'utilisation du sol ne fait pas de doute, il n'en est pas ainsi de celle des superficies. Les exploitations qui constituent l'échantillon présentent aux yeux des exploitants des superficies inférieures à trois hectares et supérieures à un demi-hectare. Beaucoup de soins ont été apportés à l'échantillon pour qu'il soit fondé sur la foi des déclarations fournies par les répondants, et non pas sur les superficies inscrites au cadastre selon la façon de faire courante dans ce genre d'étude. Une comparaison entre superficies perçues et superficies cadastrales est ainsi rendue possible (Tableau 36). Elle démontre que les exploitants ont fréquemment tendance à grossir les superficies de leurs exploitations. En effet, alors que seulement 14% dans l'ensemble ont déclaré une superficie inférieure à un hectare, le cadastre révèle que 85% d'entre eux se situent dans ce cas. De plus, alors que les exploitations inférieures à un demi-hectare avaient été systématiquement éliminées de l'échantillon sur le terrain à la lumière des informations recueillies[2], pas moins de 57% des répondants ne disposent pas d'un demi-hectare selon le cadastre. Il appert ainsi que dans les deux communautés étudiées, et davantage au Morne-des-Esses qu'à Saint-Joseph, les petits exploitants agricoles ne sont pas au courant de la superficie véritable de leurs exploitations et qu'ils ont tendance à les considérer comme plus étendue que les indications officielles du cadastre[3].

L'explication de cette tendance par le désir de se rehausser aux yeux des enquêteurs apparaît simpliste sinon erronée. La crainte de taxations éventuelles aurait dû davantage les inciter à les présenter comme plus petites qu'elles ne sont véritablement. Plutôt faut-il se tourner du côté d'une vague norme de superficie minimale requise pour qu'il y ait une forme quelconque d'agriculture, fixée plus ou moins confusément dans leur esprit à un demi-hectare à cause de l'influence des normes officielles. Et comme d'un côté, cette superficie ne correspond à rien de bien précis dans leur esprit et que de l'autre, ils ont conscience de pratiquer l'agriculture, ils déclarent spontanément une superficie supérieure à un demi-hectare. Ils se savent « petits agriculteurs », mais agriculteurs tout de même, ce qui aide à comprendre la difficulté d'obtenir d'eux des informations précises sur les superficies. Ce fut particulièrement le cas à Saint-Joseph où près des deux tiers (62 %) ont déclaré sans précision supplémentaire que leurs exploitations présentaient des superficies inférieures à trois hectares mais supérieures à un demi-hectare.

Sans doute cette surévaluation des superficies est-elle à la source du décalage que nous avons remarqué dans le chapitre précédent entre la croyance populaire que l'agriculture reste praticable sur une petite superficie alors que dans les faits ils sont nombreux les petits exploitants à chercher un complément de revenu dans une occupation extérieure. C'est qu'ils disposent de superficies plus restreintes qu'ils ne croient. Les revenus qu'ils en retirent sont donc insuffisants pour subvenir à leurs besoins. Leur comportement est rationnel par rapport à l'environnement réel : l'exiguïté de leur exploitation les contraint à recourir à un emploi extérieur quelconque. Ils sont aussi rationnels par rapport à l'environnement perçu : ils se croient exploitants agricoles, ils ne peuvent donc que disposer d'un espace suffisant pour pratiquer l'agriculture. Bref, notre échantillon repose sur les déclarations des répondants plutôt que sur le cadastre. Ce qui nous importe c'est que les gens croient exploiter plus d'un demi-hectare et moins de trois hectares, indépendamment du fait que ce soit exact ou pas. Nous avons donc affaire à des exploitants qui se considèrent petits, mais pas trop petits pour qu'ils ne se croient plus des agriculteurs.

2. *L'ENVIRONNEMENT PHYSIQUE*

2.1 *Le climat*

Au cours de la période du prétest, un certain désarroi a été remarqué au sujet du climat. Les allusions à des changements climatiques pour expliquer des comportements agricoles indécis étaient fréquents. Une question qui visait à vérifier l'exactitude de la perception populaire à l'égard du climat a donc été introduite dans le questionnaire. Les répondants ont été invités à énumérer les mois qui leur semblaient les plus pluvieux et les plus secs au cours d'une année ordinaire. Par la suite, les perceptions des résidents ont été comparées à la réalité météorologique.

Parce qu'il avait été démontré ailleurs que les gens accordent plus de poids aux années les plus récentes dans leurs évaluations du temps[4], une valeur double a été accordée aux trois années précédant celle de l'enquête (1973-1975) par rapport à une valeur unique accordée aux années antérieures[5], selon les formules suivantes :

$$J_P = 3P - \left[\frac{(3p) + 2(3p_1)}{3}\right]$$

$$J_S = 3S - \left[\frac{(3s) + 2(3s_1)}{3}\right]$$

Où J : Justesse de la perception.
P : Les trois mois perçus comme les plus pluvieux.
S : Les trois mois perçus comme les plus secs.
p : Les trois mois météorologiquement les plus pluvieux calculés sur une période de 28 ans.
s : Les trois mois météorologiquement les plus secs calculés sur une période de 28 ans.
p_1 : Les trois mois météorologiquement les plus pluvieux en 1973, 1974 et 1975.
s_1 : Les trois mois météorologiquement les plus secs en 1973, 1974 et 1975.

TABLEAU 37

Précision de la perception des mois les plus pluvieux et les plus secs (%)

	Saint-Joseph		Morne-des-Esses	
	pluvieux	secs	pluvieux	secs
Perception précise (*i.e.* entre 91 et 100%)	16	30	2	2
Perception à peu près précise (*i.e.* entre 71 et 90%)	56	48	82	74
Perception imprécise (*i.e.* entre 51 et 70%)	12	12	8	10
Perception fausse (*i.e.* entre 0 et 50%)	16	10	8	14
Total	100	100	100	100

Au total, la justesse de la perception des exploitants ressort comme légèrement meilleure au Morne-des-Esses qu'à Saint-Joseph (Tableau 37). Les exploitants de Saint-Joseph se distinguent par les extrêmes, c'est-à-dire ceux qui ont une perception très précise (16% pour les mois pluvieux et 30% pour les mois secs) et ceux qui au contraire en ont une qui est fausse (16% et 10% respectivement). De leur côté, les exploitants du Morne-des-Esses semblent avoir une perception qui dans l'ensemble est à peu près juste (82% et 74%); très peu d'entre eux se situent dans les extrêmes. Ainsi, les exploitants apparaissent-ils plus posés ou moins troublés par les fluctuations climatiques des dernières années au Morne-des-Esses qu'à Saint-Joseph. Au cours des entrevues, seulement 16% au Morne-des-Esses ont spontanément fait allusion à de graves changements climatiques dans les années précédentes, qui rendent risquée toute tentative de prévision pour l'avenir, alors qu'à Saint-Joseph, pas moins de 44% ont manifesté leur inquiétude à ce sujet. Si les prévisions semblent devenir plus difficiles, les décisions à prendre à l'égard de l'agriculture doivent se faire dans un contexte d'incertitude grandissante. Les exploitants apparaissent donc plus désemparés à Saint-Joseph qu'au Morne-des-Esses devant ce phénomène. Tout se passe comme si la désagrégation de l'harmonie écologique qui accompagne les progrès de l'urbanisation accentuait la sensibilité des exploitants à l'égard des fluctuations climatiques. À mesure qu'ils se tournent vers une forme de vie urbanisée, leur connaissance du climat paraît s'effriter et un certain pessimisme s'empare d'eux.

2.2 *Les sols*

Si les exploitants du Morne-des-Esses se montrent comparativement plus sereins à l'égard des fluctuations annuelles du climat que ceux de SJ, on ne peut en dire autant à l'égard de la qualité des sols. La situation est ici renversée (Tableau 38). Sans doute aurait-il été utile comme dans le cas précédent de mesurer la justesse des perceptions ! Mais la qualité des sols n'est pas une notion simple; elle est relative à l'utilisation qu'on en fait. Les exploitants ont semblé être davantage sensibles aux changements perçus dans la qualité de leurs sols qu'à leurs qualités intrinsèques. À Saint-Joseph, peu d'entre eux ont formulé des critiques à cet égard; seulement 10% ont jugé bon de faire allusion spontanément au problème de l'épuisement et de la régénération des sols. Au contraire, 78% au Morne-des-Esses ont exprimé des opinions à ce sujet sans même qu'elles ne soient sollicitées (Tableau 39). L'expérience de l'utilisation de l'engrais a vraiment laissé du ressentiment chez les exploitants au Morne-des-Esses. Diverses raisons les ont probablement amenés à cesser le petit éle-

TABLEAU 38

Évaluation de la qualité des sols

	Saint-Joseph		Morne-des-Esses	
	N	%	N	%
Les sols sont pauvres ou épuisés	11	23,9%	27	54%
Ils sont de qualité moyenne	3	6,5%	17	34%
Ils sont de bonne qualité	32	69,6%	6	12%
Total	46	100 %	50	100%
Manquent	4			
	50		50	

vage qu'ils pratiquaient ; et la pénurie de fumier qui s'en est suivie les a forcés à se tourner du côté de l'engrais artificiel. L'information qui leur a été communiquée à ce sujet a probablement fait naître de grands espoirs, qui par la suite ont été profondément déçus. Les échecs sont sans doute assez récents pour être encore frais à la mémoire. À Saint-Joseph où l'on a dû aussi vivre cette étape, les échecs ne semblent pas autant occuper l'esprit des exploitants ; ils remontent peut-être déjà à plus loin dans le temps. D'ailleurs, ici l'abandon du petit élevage

TABLEAU 39

Allusions spontanées à l'appauvrissement et à l'enrichissement des sols

	Saint-Joseph		Morne-des-Esses	
	N	%	N	%
L'exploitant mentionne qu'il utilise l'engrais	3	(60%)	13	33,3%
Il dit qu'il se sent contraint de recourir à l'engrais			2	5,1%
Il dit qu'il utilise engrais et fumier	1	(20%)	10	25,6%
Il dit qu'il utilise de l'engrais mais regrette le fumier			14	35,9%
Engrais et germicides ne suffisent pas	1	(20%)		
Total	5	(100%)	39	100 %
Manquent	45		11	
	50		50	

TABLEAU 40

Perceptions de l'importance des pentes

	Saint-Joseph		Morne-des-Esses	
	N	%	N	%
Peu ou pas de pentes	24	48%	26	52%
Pentes nombreuses ou fortes	26	52%	24	48%
Total	50	100%	50	100%

va de pair avec les avantages qu'offrent les progrès de l'urbanisation. Ce n'est pas le cas au Morne-des-Esses, de sorte que la mémoire des échecs reste vive.

2.3 *La topographie*

Dans l'ensemble, la topographie apparaît à l'observateur externe comme étant également très accidentée dans un endroit comme dans l'autre. Mais, comme nous nous préoccupons non pas de la topographie réelle mais plutôt de la topographie perçue, nous étions en droit de nous attendre à ce que les exploitants situés plus près des villes soient plus sensibles à cet obstacle de la nature que ceux de la campagne.

Pourtant, dans les faits, à peine la moitié des exploitants évaluent les pentes comme nombreuses ou fortes, sans qu'il y ait de différence significative entre les deux communautés (Tableau 40).

TABLEAU 41

Perceptions de la difficulté du travail sur ces pentes

	Saint-Joseph		Morne-des-Esses	
	N	%	N	%
Travail pas difficile	12	48%	20	50 %
Travail pénible à cause des pentes	12	48%	19	47,5%
Terrain pas cultivable pour d'autres raisons	1	4%	1	2,5%
Total	25	100%	40	100 %
Manquent	25		10	
	50		50	

Sur le plan de la difficulté ressentie en travaillant le sol dans ces conditions de pente relativement aiguë, on remarque une grande consistance (Tableau 41). À cause du poids presque égal de la difficulté ressentie entre les deux endroits, cette variable semble jouer un rôle négligeable dans l'explication des différences observées dans l'utilisation du sol entre les deux communautés.

2.4 *Rendements agricoles*

Nous ne nous sommes pas penchés sur les rendements mesurés objectivement. La question de la supériorité des rendements par unité de superficie chez les petits exploitants par rapport aux grands reste présentement un sujet controversé[6]. Mais, dans ce cas-ci comme dans les cas précédents, nous nous sommes davantage intéressés aux rendements subjectifs. Dans l'ensemble, les exploitants sont conscients de fluctuations dans les rendements (Tableau 42)[7]. Tant à Saint-Joseph qu'au Morne-des-Esses, plus d'exploitants ont précisé l'année du plus faible rendement (54% à SJ et 60% au MdE) que celle du plus fort (14% à SJ et 44% au MdE), comme si les mauvaises années s'étaient mieux gravées dans leur mémoire que les bonnes. Et, moins d'entre eux à Saint-Joseph qu'au Morne-des-Esses ont pu préciser les années de ce plus faible rendement (54% contre 60%); pareillement dans le cas du plus fort (14% contre 44%). Ce qui laisse entendre qu'on semble mieux conserver la mémoire des rendements au Morne-des-Esses qu'à Saint-Joseph.

Évidemment, les années les plus récentes (1974, 1975 et 1976) ressortent comme les plus vivantes dans leur esprit. Même si l'année agricole en cours au moment de l'enquête (1976-1977) n'était pas terminée, les jugements pessimistes semblent plus courants à Saint-Joseph (dans 37% des cas on la regarde comme celle du rendement le plus faible) qu'au Morne-des-Esses où seulement 15,6% partagent cette évaluation. En fait, en ce dernier endroit, les vues s'avèrent divisées ; si l'année en cours est catégorisée comme celle du plus faible rendement par 15,6% des exploitants, elle est au contraire déclarée celle du plus fort rendement par 26,1% des exploitants. Beaucoup plus nombreux sont ceux qui attribuent le plus faible rendement aux deux années antérieures (50%)[8].

L'optimisme dominant au Morne-des-Esses par rapport aux rendements de l'année en cours ressort aussi d'une comparaison faite explicitement par plusieurs entre cette même année et l'année antérieure (Tableau 43). Tandis que le poids de ceux qui se prononcent sur ce point penche nettement vers le pessimisme à Saint-Joseph (77,8%), il est au contraire plutôt orienté vers l'optimisme au Morne-des-Esses où 45,5% considèrent l'année en cours comme meilleure que l'année antérieure. Et si l'on interprète l'affirmation qu'il s'agit d'une « bonne année » dans une perspective de comparaison, ce pourcentage se voit porté à 60,6%. Sans doute, la perception de changements climatiques explique-t-elle en partie ces différences entre les deux communautés !

2.5 *Harmonie et rupture d'harmonie avec l'environnement*

L'optimisme relatif du Morne-des-Esses se fonde sur une connaissance prolongée et vécue de l'environnement qui s'accommode d'une certaine marge d'erreur. La première rupture de l'harmonie

TABLEAU 42

Estimation des années de rendements les plus forts et les plus faibles (i.e. années mentionnées)

	Les plus forts				Les plus faibles			
	Saint-Joseph		Morne-des-Esses		Saint-Joseph		Morne-des-Esses	
	N	%	N	%	N	%	N	%
1956	1	10%						
1963							1	3,1%
1965			1	4,3%	1	3,7%		
1966	1	10%						
1968			1	4,3%				
1969	1	10%						
1970					2	7,4%	1	3,1%
1972			1	4,3%				
1973	2	20%					3	9,4%
1974							8	25 %
1975	1	10%	4	17,4%	7	26 %	8	25 %
1976			6	26,1%	10	37 %	5	15,6%
(1977)							(1)	(3,1%)
72-73-74			1	4,3%			1	3,1%
Année de Dorothée*			3	13 %	1	3,7%	1	3,1%
Baisse continue	1	10%	5	21,7%	6	22,2%	1	3,1%
Ne sais pas	3	30%	1	4,3%			2	6,3%
Total	10	30%	23	100 %	27	100 %	32	100 %
Manquent	40		27		23		18	
	50		50		50		50	

* Renvoie au cyclone de 1970.

TABLEAU 43

Comparaison entre les rendements de l'année antérieure (1975-1976) et l'année en cours (1976-1977

	Saint-Joseph		Morne-des-Esses	
	N	%	N	%
Ils sont pires	7	77,8%		
Ils ne sont pas mieux	1	11,1%	9	27,3%
C'est la même chose			4	12,1%
C'est mieux	1	11,1%	15	45,5%
C'est une bonne année			5	15,1%
Total	9	100 %	33	100 %
Manquent	41		17	
	50		50	

entre l'homme et son environnement est survenue au moment du recul du petit élevage ou de la croissance de la pénurie du fumier ; l'expérience de la substitution du fumier par l'engrais artificiel pour rétablir cette harmonie s'est soldée par un échec aux yeux des exploitants. La vividité de cet échec au Morne-des-Esses et son oubli relatif à Saint-Joseph doivent probablement être attribués à l'absence d'alternative en milieu entièrement rural et à la présence de possibilités d'occupations urbaines aux abords de la ville. L'échec incite à se tourner vers d'autres occupations quand elles se présentent. Survient alors une rupture presque irréversible entre l'homme et son environnement ; et quand se consacre cette rupture, l'environnement échappe à l'homme qui l'habite. C'est ainsi qu'on est beaucoup plus enclin à parler de changements climatiques à Saint-Joseph qu'au Morne-des-Esses ; on y est aussi beaucoup moins serein devant les fluctuations annuelles des rendements.

3. L'ENVIRONNEMENT ÉCONOMIQUE

Aussi importantes que les dimensions physiques et foncières de l'environnement, celles de l'écoulement des produits et de l'encadrement technique aident à comprendre les décisions que prennent les petits exploitants.

3.1 Acheteurs

Ils ont le choix soit d'écouler leurs produits sur place auprès de marchands itinérants (revendeuses) ou de se rendre eux-mêmes au bourg ou en ville pour les vendre au marché. À Saint-Joseph, on adopte majoritairement (61,1 %) le second mode d'écoulement (Tableau 44), tandis qu'au Morne-des-Esses, l'exploitant préfère de beaucoup ne pas se déplacer lui-même (81,3 %) ; il vend sur place à des revendeuses ou acheteurs itinérants, qui s'occupent de la vente en ville. Ce dernier mode d'écoulement est aussi le choix d'une minorité d'exploitants à SJ (38,9 %), alors qu'au MdE un tiers environ se rend à un marché, qui dans ce cas-ci se trouve au bourg le plus proche et non à Fort-de-France.

3.2 Prix de vente

Les prix de vente des produits agricoles constituent évidemment une variable significative (Tableau 45). Ils sont jugés ou généralement bons, ou généralement mauvais, ou bien parfois bons parfois mauvais. Ainsi, au Morne-des-Esses où l'on ne se déplace pas pour effectuer la vente des produits, on semble plus généralement satisfait. Pas moins de 81,3 % considèrent la négociation qui précède la vente comme plutôt positive ; et 39,6 % se montrent même maîtres de la situation. Presque à l'opposé, l'atmosphère est au pessimisme à Saint-Joseph, où 70 % se déclarent plutôt insatisfaits devant les forces du marché qui les dominent. Bref, l'exploitant du Morne-des-Esses a l'impression d'avoir davantage conservé le contrôle de ces forces, tandis que celui de Saint-Joseph donne à penser qu'il l'a en partie perdu.

Les raisons invoquées pour appuyer ces perceptions opposées vont d'ailleurs dans le même sens (Tableau 46). Elles n'ont rien de négatif chez les exploitants du Morne-des-Esses. L'acceptation des

TABLEAU 44

Mode d'écoulement préféré

	Saint-Joseph				Morne-des-Esses			
	1er choix		2e choix		1er choix		2e choix	
	N	%	N	%	N	%	N	%
1	14	38,9%	3	27,3%	39	81,3%	4	33,3%
2					9	18,8%	8	66,6%
3	22	61,1%	6	54,5%				
4			2	18,2%				
Total	36	100 %	11	100 %	48	100 %	12	100 %
Manquent	14		3		2		36	
	40		14		50		48	

TABLEAU 45

Évaluation des prix de vente

	Saint-Joseph		Morne-des-Esses	
	N	%	N	%
Prix jugés bons :				
. c'est le vendeur qui le fixe	1			
. prix normalement convenables	3		19	
	4	20%	19	39,6%
Prix jugés mauvais :				
. c'est l'acheteur qui l'impose	1		3	
. prix rarement bons	1			
. bons prix toujours difficiles à obtenir	5		3	
. prix bas, souvent vils	7		3	
	14	70%	9	18,8%
Prix parfois bons, parfois mauvais :				
. bons prix parfois difficiles à obtenir	2		19	
. on négocie toujours			1	
	2	10%	20	41,7%
Total	20	100%	48	100 %
Manquent	30		2	
	50		50	

prix se fonde sur la perception d'obstacles à l'adoption d'une alternative. Mais, à Saint-Joseph, la conscience d'être forcé de vendre à des prix abusivement bas est relativement aiguë. L'écoulement ne semble pas poser de problèmes au Morne-des-Esses, tandis qu'à Saint-Joseph, il est clairement une source de frustration. La conscience qu'il ferait plus de profit en se rendant à Fort-de-France pour écouler ses produits existe certes au Morne-des-Esses ; mais elle n'invite pas à l'action, parce que d'autres coûts viennent à ses yeux annuler cet avantage.

3.3 Main-d'œuvre et embauche

Tant à Saint-Joseph qu'au Morne-des-Esses, le petit exploitant s'occupe seul ou avec son conjoint des travaux agricoles dans plus de 70% des cas (Tableau 42). Mais tandis qu'on semble davantage compter sur l'aide de la famille ou des amis (ou sur des coups de main) au Morne-des-Esses (22% contre 15,9% à Saint-Joseph), le recours

TABLEAU 46

Conscience d'une alternative pour un bon prix

	Saint-Joseph		Morne-des-Esses	
	N	%	N	%
Conscience qu'ils feraient plus de profit à Fort-de-France :				
. mais n'y gagneraient rien à cause du transport			18	
. mais trop d'encombrement au marché de Fort-de-France, la vente y est trop difficile			8	
. mais les quantités produites n'en valent pas la peine			6	
. mais n'en n'ont pas l'habitude ou le temps			3	
. sans explication	1		3	
	1	10%	38	100%
Conscience de la difficulté d'écouler la production au complet :				
. reviennent avec produits invendus	4			
. préfèrent bas prix même si profits moindres	3			
. préfèrent vendre à une seule personne pour tout écouler	2			
	9	90%		
Total	10	100%	38	100%
Manquent	40		12	
	50		50	

à des aides rémunérés paraît plus fréquent à Saint-Joseph (11,4% qu'au Morne-des-Esses (6%).

Pourtant si l'on distingue l'embauche permanente de l'embauche occasionnelle, l'on obtient une image sensiblement différente (Tableau 48). L'embauche permanente est peu pratiquée ; mais contrairement à ce que suggère le tableau 48, l'embauche occasionnelle ressort comme relativement importante, surtout au Morne-des-Esses (45,5%). Cette constatation n'étonne pas si l'on se rappelle que les exploitants ont davantage tendance à s'adonner à des activités extérieures reliées à l'agriculture au Morne-des-Esses qu'à Saint-Joseph.

Dans la même logique, la conscience de la difficulté de trouver de la main-d'œuvre (Tableau 49) est plus aiguë au Morne-des-Esses qu'à Saint-Joseph. Près de deux fois plus de gens se plaignent de cette

TABLEAU 47

Main-d'œuvre

	Saint-Joseph		Morne-des-Esses	
	N	%	N	%
Exploitant seul ou avec son conjoint	31	70,5%	36	72%
Autres membres de la famille	5	11,4%	3	6%
Un (ou des) amis ou voisin(s)			5	10%
Famille et voisins et amis			1	2%
Coup de main	2	4,5%	2	4%
Recours à des colons	1	2,3%		
Embauche d'employés	5	11,4%	3	6%
Total	44	100 %	50	100%
Manquent	6			
	50		50	

difficulté. Ainsi, le besoin de main-d'œuvre est bien davantage ressenti au Morne-des-Esses qu'à Saint-Joseph.

L'expression de ce besoin soulève la question de la capacité de payer. Vu que les exploitants du Morne-des-Esses se déclarent davantage satisfaits des prix reçus pour leurs produits, ils devraient se sentir plus en mesure de verser des salaires. C'est effectivement ce qui se produit : plus d'exploitants disent avoir les moyens financiers de se payer de l'aide au Morne-des-Esses (33,3%) qu'à Saint-Joseph (10%). Mais l'image dominante en est une d'impuissance généralisée dans plus des deux tiers des cas au MdE et de 90% à SJ. Au premier endroit, l'embauche ne devient possible qu'en comprimant les

TABLEAU 48

Embauche

	Saint-Joseph		Morne-des-Esses	
	N	%	N	%
Aucune embauche	30	71,5%	23	52,2%
Embauche régulière	2	4,8%		
Embauche occasionnelle	8	19 %	20	45,5%
Embauche (sans autre précision)	2	4,8%	1	2,3%
Total	42	100 %	44	100 %
Manquent	8		6	
	50		50	

TABLEAU 49

Recrutement de la main-d'œuvre

	Saint-Joseph		Morne-des-Esses	
	N	%	N	%
Difficile (*i.e.* on n'en trouve pas)	16	100%	30	81,1%
Facile			7	18,9%
Total	16	100%	37	100 %
Manquent	34		13	
	50		50	

besoins essentiels pour beaucoup d'entre eux (11,9%); et pas moins de 40% au second endroit laissent entendre qu'ils pourraient se le permettre en temps ordinaire, mais pas dans la conjoncture actuelle (Tableau 50).

3.4 Encadrement

Les petits exploitants agricoles sont beaucoup plus abandonnés à leurs propres ressources au Morne-des-Esses qu'à Saint-Joseph. Aucun n'a consulté un agronome, alors qu'à Saint-Joseph au moins 10% déclarent y avoir eu recours. Et un seul au Morne-des-Esses (2%) affirme avoir reçu la visite d'un conseiller technique, alors qu'à

TABLEAU 50

Capacité financière d'embaucher

	Saint-Joseph		Morne-des-Esses	
	N	%	N	%
N'en ont pas les moyens	5	50%	23	54,8%
N'en ont pas les moyens mais doivent se serrer la ceinture			5	11,9%
En ont les moyens	1	10%	4	9,5%
En ont les moyens durant récoltes			10	23,8%
Pas à conseiller dans la conjoncture actuelle	4	40%		
Total	10	100%	42	100 %
Manquent	40		8	
	50		50	

Saint-Joseph 13,9% ont bénéficié de ces visites. Cette pauvreté de l'encadrement technique a de quoi laisser songeur.

Quant à l'aide financière, elle semble à toute fin pratique inexistante, alors que seuls 8% au Morne-des-Esses déclarent en avoir bénéficié (Tableau 51). Le rôle des coopératives agricoles semble aussi presque nul (Tableau 52). Seuls 8,7% à Saint-Joseph affirment faire partie d'une coopérative.

Au total, les petits exploitants agricoles se sentent vraiment abandonnés à leurs maigres ressources. Si des institutions de crédit agricole existent (et il y en a), si des conseillers agricoles visitent les exploitations, et si des coopératives agricoles ou des syndicats

TABLEAU 51

Aide financière

	Saint-Joseph		Morne-des-Esses	
	N	%	N	%
N'en ont jamais demandé			15	30%
N'en ont jamais bénéficié	6	(66,6%)	30	60%
En ont demandé mais ont essuyé un refus	3	(33,3%)	1	2%
En ont bénéficié			4	8%
Total	9	(100 %)	50	100%
Manquent	41			
	50		50	

TABLEAU 52

Coopératives agricoles

	Saint-Joseph		Morne-des-Esses	
	N	%	N	%
N'en font pas partie	16	69,6%	11	24,4%
Il n'y a pas de coopérative sur place	5	21,7%	34	75,6%
En font partie	2	8,7%		
Total	23	100 %	45	100 %
Manquent	27		5	
	50		50	

d'exploitants agricoles veillent sur les intérêts des exploitants, ces derniers n'ont aucunement conscience d'en avoir profité.

3.5 Résumé des perceptions de l'environnement économique

À Saint-Joseph, on semble avoir complètement perdu confiance dans l'environnement économique. Plus qu'au Morne-des-Esses on trouve que les prix reçus pour les produits sont faibles, et que l'écoulement sur le marché est difficile. Rien d'étonnant à ce qu'on se soit davantage tourné vers les occupations urbaines, comme nous l'avons vu au chapitre précédent. Par ailleurs, au Morne-des-Esses, on semble relativement plus indépendant des conditions de cet environnement. Les faiblesses de l'encadrement ne les dérangent pas, ils sont plus satisfaits des prix reçus pour leurs produits, et se déclarent plus en mesure de payer la main-d'œuvre dont ils ont besoin. Ils s'adonnent aussi avec plus de conviction à l'agriculture. La topographie très accidentée des lieux ne constitue pas un obstacle insurmontable à leurs yeux. L'équilibre qu'ils ont atteint avec leur environnement se manifeste surtout dans la plus grande justesse de leur capacité de prévoir pluies et sécheresses. Mais au plan de la qualité des sols, la rupture de cet équilibre les ennuie profondément.

8

Préférence, expérience passée et perspective d'avenir

Les caractères socio-économiques des petits exploitants agricoles et les perceptions qu'ils ont de leur environnement se conjuguent pour nous aider à comprendre la mesure de leur engagement ou de leur non-engagement dans l'agriculture; c'est-à-dire la dimension quantitative entre les cartes d'utilisation réelle et d'utilisation idéale du sol. Ils ne jettent que peu d'éclairage sur la dimension qualitative, c'est-à-dire les associations de cultures pratiquées et les changements dans ces associations.

En fait, les écarts qualitatifs observés entre les deux catégories de cartes correspondent à des directions différentes choisies par les exploitants de Saint-Joseph et du Morne-des-Esses. Ils partageaient auparavant un modèle mental original commun, qui persiste encore presque intact au Morne-des-Esses, mais recule à Saint-Joseph, en devenant de plus en plus hybride sous l'effet du contact avec un modèle nouveau.

Nous verrons dans un premier temps que les exploitants ont conscience de l'existence d'un écart entre les utilisations réelle et idéale du sol. Cette conscience repose sur un réservoir de connaissances à l'égard des plantes susceptibles de pouvoir être cultivées sur leurs exploitations, sur des préférences marquées entre ces cultures ou ces associations de cultures, et enfin sur des expériences vécues où succès et échecs se sont entremêlés.

1. CONSCIENCE D'UN ÉCART

La sensibilisation à l'égard de l'existence d'un écart entre les utilisations réelle et idéale du sol est très généralisée puisque 84 % de

TABLEAU 53

Utilisation réelle et idéale du sol

	Saint-Joseph		Morne-des-Esses	
	N	%	N	%
CUR et CUI*	43	86%	41	82%
CUR seulement	6	12%	9	18%
Aucune carte	1	2%		
Total	50	100%	50	100%

* Carte d'utilisation réelle et Carte d'utilisation idéale.

TABLEAU 54

Raisons invoquées pour l'absence de carte d'utilisation idéale du sol

	Saint-Joseph		Morne-des-Esses	
	N	%	N	%
Exiguïté de la parcelle	1	14,3%		
Autres inconvénients de l'environnement physique	5	71,4%		
Age avancé ou maladie ou solitude	1	14,3%	8	88,9%
Pas agriculteur de son métier			1	11,1%
Total	7	100 %	9	100 %

l'échantillon des exploitants agricoles possèdent une carte mentale de la façon qu'ils utiliseraient leur sol s'il leur était donné d'exercer un contrôle plus complet sur leur environnement (Tableau 53). Leur poids relatif reste sensiblement le même, qu'il s'agisse d'un endroit relativement éloigné de la ville et proche socialement de la grande plantation (Morne-des-Esses : 82%) ou d'un endroit à proximité de la ville et à distance de la plantation (Saint-Joseph : 86%). Peu de répondants se sont montrés dépourvus d'une telle carte (seulement 16% au total).

Parce que cette carence pourrait être faussement interprétée comme signifiant une adéquation entre leurs cartes d'utilisation réelle et d'utilisation idéale du sol, il est important d'examiner les motifs invoqués pour la justifier. On pourrait être tenté de croire à un certain contentement chez ces gens, du fait qu'ils semblent ne plus rien attendre de leur environnement. Dans la réalité (Tableau 54), les motifs avancés sont nettement d'ordre personnel au Morne-des-Esses,

TABLEAU 55

Connaissances de plantes autres que celles qui sont déjà cultivées

	Saint-Joseph		Morne-des-Esses	
	N	%	N	%
Ont apporté au moins une précision	44	88%	49	98%
En ont même apporté deux	15	30%	28	56%
En ont apporté trois ou plus	7	14%	14	28%

tandis qu'à Saint-Joseph ils relèvent davantage des inconvénients de l'environnement physique.

Pourtant, si la conscientisation à ce niveau relève des conditions de vie et de la perception de l'environnement, elle ne suffit pas pour expliquer la retenue dans la prise de décision qui comblerait l'écart entre les deux classes de cartes d'utilisation du sol chez ceux qui en font montre. En fait, cette retenue tient davantage de l'étendue des connaissances à l'égard des plantes dont la culture apparaît possible sur les exploitations (*i.e.* l'information), des valeurs diverses attachées à chacune d'elles (*i.e.* les préférences), et de l'expérience acquise dans le passé à leur égard.

2. *ÉTENDUE DES CONNAISSANCES CULTURALES*

Les connaissances de l'exploitant ne se limitent pas aux plantes cultivées sur son exploitation au moment de l'enquête. Ces dernières résultent plutôt de choix effectués parmi un éventail de plantes connues plus ou moins vaste selon les individus. Il nous apparaît donc important de mesurer l'étendue de cet éventail.

Nous nous penchons ici essentiellement sur des plantes qui n'apparaissent pas sur les cartes d'utilisation réelle du sol. Les exploitants qui ont fourni des précisions à ce sujet sont nombreux (Tableau 55). S'il existe peu de différences entre les deux endroits à l'étude au sujet de ceux qui ont apporté au moins une précision, il n'en est pas de même pour ceux qui en ont déclaré davantage : ils sont deux fois plus nombreux au MdE qu'à SJ. Dans certains cas, les réponses étaient évasives (Tableau 56) : elles n'étaient accompagnées d'aucune mention de plante précise. Ce type de réponse caractérise nettement Saint-Joseph. Par ailleurs, au Morne-des-Esses les exploitants semblent plus en mesure d'entrer dans le concret (Tableau 57). Les précisions qu'ils apportent y sont 2,2 fois plus nombreuses (86 contre 38). Si ces précisions prennent la forme de désignations collectives 1,3 fois plus fréquemment (23 contre 18), la dif-

TABLEAU 56

Réponses évasives en rapport avec leurs champs de connaissances

	Saint-Joseph		Morne-des-Esses	
	N	%	N	%
Tout peut pousser	13	26%	1	2%
J'en connais d'autres	9	18%	1	2%
Rien d'autre à faire	4	8%	2	4%
Je fais un peu de tout	1	2%		
Je ne m'en occupe plus	1	2%		
Je les connais toutes			1	2%
Total	28	56%	5	10%
Manquent	22		45	
	50		50	

férence ressort comme plus remarquable au chapitre des désignations spécifiques (3,1 fois plus fréquentes au Morne-des-Esses qu'à Saint-Joseph, soit 63 contre 20). Tout se passe comme si les exploitants du Morne-des-Esses se sentaient moins embarrassés de parler de ces sujets que ne le seraient ceux de Saint-Joseph, ou comme s'ils possédaient un éventail de connaissances culturales plus précis et plus vaste que ceux de Saint-Joseph.

Mais, pourquoi ces connaissances ne se traduisent-elles pas dans les cartes d'utilisation réelle du sol (*i.e.* l'information encodée ne conduit-elle pas à un comportement approprié), ou pourquoi l'exploitant n'agit-il pas en conformité avec toute l'information dont il dispose ? Les raisons invoquées pour justifier ce comportement d'abstention sont multiples (24 à SJ et 19 au MdE (Tableau 58). L'individualisme marque davantage Saint-Joseph que le Morne-des-Esses ; plus du quart des répondants fournissent des raisons aussi nombreuses que les individus impliqués (27,3 %). Au Morne-des-Esses, l'homogénéité est plus forte, puisque le poids de ce type de raisons se situe bien en dessous de la moitié de celui de Saint-Joseph (1,9 %). Mais si l'on s'en tient aux seules raisons qui sont mentionnées au moins à deux reprises, on observe que pas moins de 16 raisons différentes ont été avancées par les exploitants pour expliquer leur comportement d'abstention (9 à Saint-Joseph et 12 au Morne-des-Esses). Certaines de ces raisons ont été invoquées également dans les deux endroits et exercent ensemble des poids semblables dans les deux endroits (36,4 % à Saint-Joseph et 34,6 % au Morne-des-Esses). Les raisons particulières à chaque endroit (4 à Saint-Joseph et 7 au Morne-des-Esses) jouent

TABLEAU 57

Plantes mentionnées explicitement, faisant donc partie de leurs champs de connaissances

	Saint-Joseph	Morne-des-Esses
	N	N
Désignations collectives :		
Potager		19
Cultures maraîchères	8	
Légumes-pays	4	1
Pois, légumes	2	1
Arbres fruitiers	1	1
Fleurs	1	
Salades	2	1
Désignations spécifiques :		
Canne		19
Banane	3	8
Anthurium	7	
Tomate		6
Banane créole		5
Patate douce	1	4
Carotte		4
Igname	2	2
Laitue	1	2
Pistache		2
Aubergine		2
Tabac		2
Oignon	1	1
Avocat	1	1
Chou de Chine	1	
Radis	1	
Haricots	1	
Pamplemousse	1	
Ananas		1
Chou		1
Pomme de terre		1
Manioc		1
Navet		1
Total	38	86

un rôle nettement plus important au Morne-des-Esses (54,6 %) qu'à Saint-Joseph (36,3 %). Bref, la grande variété des motifs invoqués à Saint-Joseph ressort du fait que 63,6 % des exploitants s'appuient sur 9 raisons différentes, alors que l'uniformité apparaît encore forte au Morne-des-Esses où plus d'exploitants (66,5 %) recourent à moins de motifs (soit 14).

TABLEAU 58

Raisons invoquées pour ne pas cultiver toutes les plantes connues

	Saint-Joseph		Morne-des-Esses	
	N*	%**	N*	%**
Raisons avancées une seule fois	15	27,3%	7	11,9%
Raisons avancées plus d'une fois,				
a) Communes aux deux endroits :				
1. Manque de temps	7	12,7%	7	11,9%
2. Age, maladie, accident	5	9,1%	2	3,6%
3. Manque d'espace	3	5,5%	7	11,9%
4. Pauvreté des sols	3	5,5%	2	3,6%
5. Manque d'eau	2	3,6%	2	3,6%
Ensemble	20	36,4%	20	34,6%
b) Particulières à un endroit :				
6. Manque de main d'oeuvre	8	14,5%		
7. Terrain trop accidenté	7	12,7%		
8. Mort, départ du conjoint...	3	5,5%		
9. Installation récente	2	3,6%		
10. Entretien trop exigeant			8	13,6%
11. Manque de moyens			7	11,9%
12. Absence de route			5	8,5%
13. Préférence pour légumes			4	6,8%
14. Croissance difficile des plantes			3	5,1%
15. Carence de fumier			3	5,1%
16. Manque de rentabilité			2	3,6%
Ensemble	20	36,3%	32	54,6%
Total	55	100 %	59	100 %

* Renvoie ici au nombre de raisons invoquées en 1er et 2e choix.
** S'agit ici du % de répondants ayant invoqué ces raisons.

Encore ici ces multiples raisons relèvent dans l'ensemble soit de conditions personnelles soit de perceptions différentielles de l'environnement. Elles se rapprochent ainsi des raisons invoquées par ceux qui n'ont pas déclaré de carte d'utilisation idéale du sol, comme nous l'avons vu précédemment dans ce même chapitre.

3. *PRÉFÉRENCES CULTURALES*

Mais, dans l'éventail des cultures connues, toutes ne présentent pas des valeurs identiques pour l'exploitant et ne l'attirent pas également. Bien avant les raisons de nature circonstancielle, le filtre des préférences rend un certain nombre d'entre elles plus désirables que d'autres pour les exploitants.

Les écarts que nous avons constatés[1] témoignent de directions différentes prises par les exploitants agricoles dans les deux communautés sur le continuum entre les modèles mentaux écologique et économique ou, en d'autres mots, d'un modèle mental d'utilisation du sol relativement intact en milieu rural et considérablement modifié près de la ville. Ces différences de directions révèlent l'existence d'attitudes profondes qui orientent les changements dans un sens plutôt que dans l'autre[2].

3.1 La culture mixte

Le test mis au point pour dégager ces attitudes est couché dans les termes mêmes des concepteurs du *Recensement agricole*[3]. L'opposition fondamentale sous-jacente à ce recensement s'établit entre la culture mixte et la culture pure. Le test comprend neuf propositions[4]. Sur le plan de sa structure, il s'ouvre et se ferme avec des formulations différentes de l'opposition générale, la première de nature synthétique et la dernière plutôt analytique :

a) Un petit lopin de terre rempli de toutes sortes de cultures est préférable à un autre recouvert d'une seule culture.

[...]

j) Ce qu'il y a de mieux c'est une parcelle employée en partie par de « gros légumes », en partie par de « petits légumes » en partie par l'élevage et en partie par des arbres fruitiers.

Ces deux énoncés encadrent un ensemble de huit énoncés spécifiques portant sur des types de cultures particuliers (arbres fruitiers, cultures commerciales d'exportation, gros légumes, petits légumes, élevage...). À toutes ces propositions, le chef d'exploitation est appelé à déclarer son accord ou son désaccord sur une échelle en neuf points. Bref, il doit se prononcer d'abord sur la désirabilité de la culture en mélange, puis ensuite sur celle de cultures pures de façon plus détaillée, et enfin un retour sur la culture en mélange. Survenant à la suite d'énoncés portant sur des utilisations pures du sol, la dernière proposition permet d'exercer un contrôle sur la première et de vérifier la vigueur de l'attitude.

Près de 85% des exploitants se déclarent nettement en faveur du contenu de la proposition fondamentale (Tableau 59). Le processus analytique du test n'a servi qu'à affermir l'affirmation de cette préférence populaire en faisant basculer (de 36,3% à 62,6%) plus du quart d'entre eux d'une cote légèrement moins favorable dans une cote démontrant une faveur plus grande. Ce basculement est nettement plus accentué à Saint-Joseph (de 14,3% à 53,1%) qu'au Morne-des-Esses (de 61,9% à 73,8%), révélant que les répondants tendaient davantage à se raviser à Saint-Joseph durant le déroulement du test

TABLEAU 59

Attitudes face à la polyculture (%)

	Saint-Joseph		Morne-des-Esses		Total	
	(A)	(B)	(A)	(B)	(A)	(B)
1. Très fortement d'accord	14,3	53,1	61,9	73,8	36,3	62,6
2. Fortement d'accord	59,2	22,4	35,7	19	48,4	20,9
3. Modérément d'accord	18,4	16,3		2,4	9,9	9,9
4. Faiblement d'accord	4,1	4,1				
5. Indifférent						
6. Faiblement en désaccord	4,1	4,1			2,2	2,2
7. Modérément en désaccord			2,4		1,1	
8. Fortement en désaccord				2,4		1,1
9. Très fortement en désaccord				2,4		1,1
Total &	100	100	100	100	100	100
Total N	42	42	49	49	91	91

(A) Première proposition (B) **Dixième proposition**

et à se rallier à la polyculture. Il semblerait donc que les huit énoncés spécifiques leur ont fait prendre conscience de leur réticence de fond à l'égard de la culture soi-disant « pure », ce qui a permis à leur préférence de fond de refaire surface.

Le regroupement des deux catégories les plus fortes (*i.e.* très fortement d'accord et fortement d'accord) permet des comparaisons significatives entre les deux endroits à l'étude. Ainsi, la culture mixte reçoit un appui beaucoup plus généralisé au Morne-des-Esses où près de 92 % des exploitants lui accordent leur faveur contre moins de 75 % à Saint-Joseph. L'appui populaire apparaît plus hésitant et plus étalé à Saint-Joseph où à ces 75 % s'ajoutent 17 % qui se déclarent seulement modérément d'accord, même s'il s'agit d'une faveur encore positive.

Si le processus analytique a eu pour effet au Morne-des-Esses d'augmenter la proportion des exploitants qui accordent à la culture mixte la cote la plus favorable (de 61,9 % à 73,8 %), il a aussi entraîné un léger détournement vers les cotes les plus faibles (de 2,4 % à 7,2 %). C'est ainsi que le résultat global pour le Morne-des-Esses au sujet des deux cotes les plus favorables se traduit par une baisse de près de 5 %, alors qu'au contraire à Saint-Joseph, il enregistre un gain de 2 %. Le phénomène de déplacement vers des catégories plus positives continue de jouer ici à Saint-Joseph ; mais un phénomène contraire semble être faiblement à l'œuvre au Morne-des-Esses, comme si au cours du test on s'était rendu compte d'avoir fait montre d'un léger excès d'enthousiasme au début qu'on tentait de corriger par la suite. Pourtant, dans l'ensemble, l'affirmation initiale d'une préférence pour la culture mixte se voit suivie d'une prise de conscience durant le déroulement du test pour prendre l'allure d'une réaffirmation nettement plus vigoureuse en fin de test.

3.2. La culture « pure » : les « gros légumes »

Aussi appelés « légumes-pays », ils comprennent les cultures à racines traditionnelles, telles que l'igname, la patate douce, le manioc, le chou de Chine, etc.[5]. Sur son exploitation, le petit exploitant a le choix entre la culture de plusieurs d'entre eux ou d'un seul. D'où la présence de deux énoncés à leur sujet dans le test (Tableau 60).

Le rejet de la proposition qui n'implique la culture que d'un seul légume est général (100% à Saint-Joseph et 83,4% au Morne-des-Esses). L'acceptation de la proposition inverse qui valorise la pluralité dans les « gros légumes » est presque universelle au Morne-des-Esses (95,2%); mais, les exploitants de Saint-Joseph se montrent

TABLEAU 60

Attitudes face à la culture de « gros légumes »

	Saint-Joseph				Morne-des-Esses			
	(A)		(B)		(A)		(B)	
	N	%	N	%	N	%	N	%
1.					15	35,7		
2.	3	6			17	40,5	2	4,8
3.	17	34			4	9,5	3	7,1
4.	9	18			4	9,5	2	4,8
5.								
6.	10	20	2	4	1	2,4	2	4,8
7.	6	12	4	8	1	2,4	1	2,4
8.	5	10	16	32			14	33,3
9.			28	56			18	42,9
Total	50	100	50	100	42	100	42	100
Manquent					8		8	
	50		50		50		50	

1,2,3,4,5,6,7,8,9 : comme au Tableau 7.
(A) Proposition : ce qu'il y a de mieux c'est un lopin recouvert seulement de beaucoup de "gros légumes" (ou légumes pays).
(B) Proposition : ce qu'il y a de mieux c'est un lopin recouvert d'un seul "gros légume" (ou légume pays).

TABLEAU 61

Attitudes face à la culture de «petits légumes»

	Saint-Joseph				Morne-des-Esses			
	(A)		(B)		(A)		(B)	
	N	%	N	%	N	%	N	%
1.	1	2			5	11,9		
2.	3	6			7	16,7	1	2,4
3.	8	16			14	33,3		
4.	15	30	1	2	8	19	3	7,1
5.					1	2,4		
6.	14	28	1	2	2	4,8	2	4,8
7.	7	14	2	4	2	4,8	2	4,8
8.	1	2	15	30			15	35,7
9.	1	2	31	62	3	7,1	19	45,2
Total	50	100	50	100	42	100	42	100
Manquent					8		8	
	50		50		50		50	

1,2,3,4,5,6,7,8,9, : comme au Tableau 7.
(A) Proposition : ce qu'il y a de mieux c'est un lopin recouvert seulement de "petits légumes" (ou légumes France).
(B) Proposition : ce qu'il y a de mieux c'est un lopin recouvert d'un seul petit légume (ou légume France).

plus ambivalents à son sujet (58% en faveur et 42% contre). Ainsi, s'il semble y avoir entente sur la défaveur à accorder à la culture d'un seul «gros légumes» qu'on soit proche ou éloigné de la ville, il n'en est pas de même à l'égard de la culture de plusieurs «gros légumes» : le modèle mixte suscite l'assentiment général à distance de la ville, mais il est fortement sujet à controverse aux abords.

3.3 La culture pure : les «petits légumes»

Cette désignation recouvre un ensemble de légumes dont certains n'ont été introduits que récemment, proprement identifiés comme «légumes-France» (*v.g.* laitue...)[6] et d'autres plus traditionnels. Ils se distinguent des «gros légumes» par l'attention spéciale que requiert leur culture; ils sont reconnus comme plus fragiles. Cette exigence d'une surveillance plus continue explique que leur culture se pratique souvent plus à proximité de la demeure des exploitants que celle des «gros légumes».

Les attitudes à l'égard de cette catégorie de légumes ressemblent dans l'ensemble aux précédentes (Tableau 61). Le rejet d'une culture pure (*i.e.* culture d'un seul d'entre eux) caractérise 94,6% des exploitants (98% à Saint-Joseph contre seulement 90,5% au Morne-des-Esses). Mais la culture d'un mélange de petits légumes plaît davantage aux exploitants du Morne-des-Esses (80,9%) qu'à ceux de Saint-Joseph où les attitudes apparaissent à nouveau ambivalentes (54% favorables et 46% défavorables).

3.4 La culture pure : les arbres fruitiers

Les arbres fruitiers sont variés en Martinique. Traditionnellement ils se retrouvent en mélange sur les exploitations agricoles. L'idée de les cultiver en « verger pur » n'a été introduite dans l'île que récemment. Face à cette nouvelle possibilité, les exploitants révèlent une attitude nettement négative (Tableau 62). Ce mode d'occupation du sol sans aucun partage avec d'autres modes d'occupations ne leur plaît guère (98% à Saint-Joseph et 80,9% au Morne-des-Esses). Même la possibilité d'un verger mixte à l'étendue de leur exploitation n'a pas l'heur de leur plaire (83,6% à Saint-Joseph et 57,1% au

TABLEAU 62

Attitudes face à la culture des arbres fruitiers

	Saint-Joseph				Morne-des-Esses			
	(A)		(B)		(A)		(B)	
	N	%	N	%	N	%	N	%
1.	1	2			1	2,4	1	2,4
2.	1	2			8	19	1	2,4
3.					5	11,9	1	2,4
4.	6	12,2	1	2	2	4,8	3	7,1
5.					2	4,8	2	4,8
6.	6	12,2	1	2	4	9,5	2	4,8
7.	8	16,3	1	2	6	14,3	5	11,9
8.	25	51	9	18,4	10	23,8	8	19
9.	2	4,1	37	75,5	4	9,5	19	45,2
Total	49	100	49	100	42	100	42	100
Manquent	1		1		8		8	
	50		50		50		50	

1,2,3,4,5,6,7,8,9 : comme au Tableau 7.

(A) Proposition : ce qu'il y a de mieux c'est un lopin recouvert seulement d'arbres fruitiers de toutes sortes.

(B) Proposition : ce qu'il y a de mieux c'est un lopin recouvert d'une ou deux sortes d'arbres fruitiers.

TABLEAU 63

Attitudes face aux cultures commerciales

	Saint-Joseph		Morne-des-Esses	
	N	%	N	%
1.			11	26,2%
2.	2	4%	10	23,8%
3.	2	4%	8	19 %
4.	5	10%	4	9,5%
5.	10	20%	5	11,9%
6.	5	10%	2	4,8%
7.	13	26%		
8.	11	22%	2	4,8%
9.	2	4%		
Total	50	100%	42	100 %
Manquent			8	
	50		50	

1,2,3,4,5,6,7,8,9 : comme au Tableau 7.
Proposition : ce qu'il y a de mieux c'est un lopin recouvert d'une culture commerciale pour l'exportation (v.g. canne, banane, ananas).

Morne-des-Esses). Pourtant, s'il y a rejet presque global des deux propositions à Saint-Joseph, elles évoquent une certaine sympathie au Morne-des-Esses, surtout celle qui se rapporte au verger mixte (38,1 %). Sans doute est-on davantage sensibilisé à la signification symbolique des arbres fruitiers en milieu franchement rural qu'en milieu influencé par la proximité d'une ville[7].

3.5 La culture pure : les plantes commerciales

Ce besoin d'une empreinte personnifiant son indépendance dans le sol est évidemment le pendant d'une dépendance quelconque. Si la dépendance à l'égard de la ville fait sa marque par l'absence d'indice de fonction agricole, celle à l'égard de la plantation se caractérise par le poids exercé par la culture commerciale d'exportation (surtout la canne à sucre). Ainsi remarque-t-on (Tableau 63) un net penchant pour les cultures d'exportation au Morne-des-Esses (78,5 %), alors qu'à Saint-Joseph c'est l'inverse (18 %). Comme nous le verrons plus loin, une certaine nostalgie de la canne à sucre existe au Morne-des-Esses, qui est totalement absente à Saint-Joseph. Il est aussi intéressant de constater que la culture des fleurs n'est pas encore perçue par les exploitants de Saint-Joseph comme faisant partie des cultures commerciales d'exportation ; si tel était le cas, l'attitude serait davantage favorable à l'énoncé touchant ces dernières cultures.

3.6 *Le petit élevage*

La situation n'est guère différente quand il s'agit du petit élevage (Tableau 64), sans doute pour des raisons analogues. Les exploitants y sont favorablement disposés dans une très forte proportion au Morne-des-Esses (71,3 %) et une proportion comparativement faible à Saint-Joseph (24,3 %).

TABLEAU 64

Attitudes face au « petit élevage »

	Saint-Joseph		Morne-des-Esses	
	N	%	N	%
1.	1	2 %	8	19 %
2.	3	6,1%	9	21,4%
3.	2	4,1%	9	21,4%
4.	6	12,2%	4	9,5%
5.	3	6,1%	5	11,9%
6.	7	14,3%	2	4,8%
7.	10	20,4%		
8.	11	22,4%	1	2,4%
9.	6	12,2%	4	9,5%
Total	49	100 %	42	100 %
Manquent	1		8	
	50		50	

1,2,3,4,5,6,7,8,9 : comme au Tableau 7.
Proposition : ce qu'il y a de mieux c'est un petit lopin employé non seulement pour l'élevage.

3.7 *Modèle mental*

L'agriculture en mélange à laquelle les exploitants sont favorablement disposés ne renvoie pas au même contenu au Morne-des-Esses et à Saint-Joseph (Tableau 65). Deux attitudes fondamentalement différentes caractérisent d'abord ces communautés, l'une à l'égard des cultures commerciales et l'autre à l'égard de l'élevage. Autant dans le type de culture que favorise le Morne-des-Esses les cultures commerciales et le petit élevage sont reconnues comme des composantes, autant à Saint-Joseph ils en sont absents. Pareillement, on est beaucoup plus disposé à accepter des arbres fruitiers au Morne-des-Esses qu'à Saint-Joseph.

TABLEAU 65

Sens donné à l'agriculture en mélange (résumé des Tableaux 60 à 64, en %)

	(A)				(B)			
	(a)		(b)		(a)		(b)	
	MdE	SJ	MdE	SJ	MdE	SJ	MdE	SJ
Favorable	95,2	58	16,7	7,7	80,9	54	9,5	2
Neutre					2,4			
Défavorable	4,8	42	83,4	92,4	16,7	46	90,5	98
Total	100	100	100	100	100	100	100	100

	(C)				(D)		(E)	
	(a)		(b)					
Favorable	38,1	16,2	14,3	2	78,5	18	71,3	24,3
Neutre	4,8		4,8		11,9	20	11,9	6,1
Défavorable	57,1	83,6	80,9	97,9	9,6	62	16,7	69,3
Total	100	100	100	100	100	100	100	100

(A) Gros légumes, (a) plusieurs, (b) un seul.
(B) Petits légumes, (a) plusieurs, (b) un seul.
(C) Arbres fruitiers, (a) plusieurs, (b) un seul.
(D) Plantes commerciales.
(E) Elevage.

Enfin, tant sur le plan des « gros » que des « petits » légumes, ils sont nettement incorporés dans les types de culture qu'on désire pratiquer au Morne-des-Esses ; mais, dans les deux cas, la situation est fortement ambivalente à Saint-Joseph. L'unanimité pourtant existe dans les deux communautés pour rejeter toute forme de culture pure. La communauté de Saint-Joseph est nettement engagée dans un processus d'évolution ; elle s'est dans les faits en partie détournée du modèle d'utilisation du sol qui continue de dominer au Morne-des-Esses, tout en lui demeurant émotivement très attaché. Il est clair qu'une certaine nostalgie existe à son égard ; mais des forces incontrôlables agissent sur elle pour l'entraîner dans une autre direction, vers un autre modèle qui ne semble pas évoquer de résonnance profonde.

4. *EXPÉRIENCE PASSÉE : CULTURES ABANDONNÉES*

Ainsi, le modèle mental d'utilisation du sol où la polyculture occupe une place de choix semble être en train de subir de sérieuses

TABLEAU 66

Cultures tentées dans le passé qui ne figurent plus sur les exploitations

	Saint-Joseph	Morne-des-Esses
	%	%
Vivrières	34,1%	4 %
Maraîchères	9,7%	6 %
Commerciales	38,9%	22,5%
Fruitières		4 %
Autres	2,4%	2 %
Total	85,1%	38,5%
N'ont pas qualifié leur expérience	7,3%	
	92,4%	38,5%

modifications à Saint-Joseph, alors qu'il se maintient presque intact au Morne-des-Esses. Cette impression se voit confirmée par l'étude des expériences tentées dans le passé (Tableau 66). Au Morne-des-Esses, le poids de ceux qui n'ont essayé de cultiver aucune autre plante différente de celles qui apparaissent sur les cartes d'utilisation réelle du sol est considérable (61,5%). Au contraire à Saint-Joseph ceux qui ont pratiqué une quelconque autre culture constituent une écrasante majorité (92,4%). Les agrégations de plantes qui ont été l'objet d'expériences passées mais qui sont disparues des exploitations apparaissent révélatrices (Tableau 66). Ainsi les petits exploitants ont abandonné la culture de certaines plantes vivrières dans une proportion considérablement plus importante à Saint-Joseph (34,1%) qu'au Morne-des-Esses (4%). Ce qui explique probablement pourquoi les maraîchères jouent maintenant un rôle beaucoup plus grand dans le contenu des exploitations à Saint-Joseph qu'au Morne-des-Esses[8]. De plus, l'abandon de cultures commerciales s'est fait davantage sentir à Saint-Joseph (38,9%) qu'au Morne-des-Esses (22,5%). Il s'agissait surtout de bananes (31,7%) et un peu de fleurs (7,3%) à Saint-Joseph; tandis qu'au Morne-des-Esses, 14,3% mentionnent qu'ils ont déjà cultivé la canne et 8,3% la banane.

Les raisons avancées pour expliquer ces abandons sont multiples (Tableau 67). Elles sont deux fois plus disparates à Saint-Joseph qu'au Morne-des-Esses (24 contre 12). Ainsi, cette dernière communauté présente une homogénéité relative dans sa motivation. Cette homogénéité correspond à une série de faiblesses extérieures (rendements, moyens, sols), tandis que l'hétérogénéité de Saint-Joseph se caractérise par des

TABLEAU 67

Justifications des abandons

Saint-Joseph	N	Morne-des-Esses	N
1. Difficulté d'écoulement	8	1. Faiblesse des rendements	7
2. Faiblesse des rendements	8	2. Faiblesse des moyens	3
3. Mortalité dans ménage	7	3. Pauvreté des sols	2
4. Un désastre	6	4-12. Neuf raisons invoquées une seule fois	
5. Refus du risque	3		
6. Topographie accidentée	3		
7. Préférence pour stabilité d'emploi	3		
8. Age avancé	2		
9. Manque d'aide	2		
10. Faiblesse des moyens	2		
11. Besoin d'entretien	2		
12. Disparition de la SICA	2		
13-24. Onze raisons invoquées une seule fois			

traits tant extérieurs (topographie, désastre naturel, difficulté d'écoulement, stabilité d'emploi) qu'intérieurs (refus du risque, mortalité, âge avancé...). La proximité de la ville a fait de l'exploitant de Saint-Joseph un être sensibilisé à une vaste gamme de raisons possibles, alors que celui du Morne-des-Esses se satisfait de quelques raisons peu nombreuses.

5. *PERSPECTIVES D'AVENIR*

Jusqu'à maintenant nous avons parlé d'un écart, sans trop insister sur le fait que par définition le point de destination du modèle poursuivi reste inatteignable. En effet, l'idéal dépasse souvent ce qu'il est réaliste d'espérer. Dans notre problématique, il ne pouvait donc être question de prétendre que l'écart doive nécessairement se combler. Plutôt croyions-nous qu'il suffisait de démontrer qu'il existait une volonté réelle de le combler, même si dans la pratique l'environnement ne s'y prête pas.

Nous avons aussi vu qu'aux yeux des petits exploitants agricoles leur statut socio-économique et les composantes de leur environnement n'ont rien de très stimulant. Nous avons enfin vu que les utilisations du sol résultent de préférences marquées qui ont dû composer avec les particularités contraignantes de leur environnement, surtout par l'abandon de certaines cultures. L'analyse aurait été complète si nous avions pu recueillir de l'information au sujet des décisions prises à la suite de ces abandons : à savoir, s'il y a eu remplacement par de nouvelles cultures, ou extension de cultures déjà pratiquées, ou disparition pure et simple. Mais, les questions destinées à recueillir cette information ont été mises de côté par les interviewers, à cause des difficultés pratiques qu'elles impliquaient sur le terrain.

Pourtant, nous savons que même sans stimulant immédiat l'être humain peut s'adonner d'arrache-pied à la poursuite d'un idéal pourvu que les perspectives d'avenir l'y encouragent. Qu'en est-il donc de l'avenir pour les petits exploitants agricoles ?

Une première question visait une période encore éloignée dans l'avenir des exploitants. Comme les exploitants se trouvaient ou dans la quarantaine avancée ou dans la cinquantaine et même parfois dans la soixantaine, elle renvoyait souvent à leur retraite. Il s'agissait de savoir s'ils avaient l'intention de poursuivre le travail de la terre pendant longtemps (Tableau 68).

TABLEAU 68

Intentions d'avenir et agriculture

	Saint-Joseph		Morne-des-Esses	
	N	%	N	%
Entendent poursuivre longtemps	19	63,3%	44	88%
N'entendent pas poursuivre encore longtemps	4	13,3%	5	10%
Autres réponses	7	23,3%	1	2%
Total	30	100 %	50	100%
Manquent	20			
	50		50	

Comme on pouvait s'y attendre, plusieurs à Saint-Joseph ne se sentaient pas disposés à répondre à cette question ; et même parmi ceux qui y ont répondu, près du quart (23,3 %) n'ont pas fourni de réponse claire. Certains paraissaient indécis (3,3 %) ; mais la plupart (20 %) se sont déclarés prêts à remettre leur exploitation en valeur s'ils ne devaient plus se trouver d'emploi. Au contraire au Morne-des-Esses le poids de ceux qui n'entendent pas lâcher est écrasant (88 %) ; si l'on ajoute à ce groupe le cas du répondant qui n'est pas en mesure de le faire lui-même et compte recourir à une tierce personne pour le faire, ce poids est porté à 90 %.

Cet entêtement dans une forme d'utilisation du sol révèle clairement que malgré sa tendance spontanée à accepter l'innovation, le

TABLEAU 69

Avenir de l'exploitation

	Saint-Joseph		Morne-des-Esses	
	N	%	N	%
Elle sera abandonnée à la friche	14	37,9%	4	8,2%
Les enfants s'en occuperont	19	51,3%	21	42,8%
Elle sera mise en location			2	4,1%
Elle reviendra à son propriétaire			12	24,5%
Elle sera mise en colonnage	2	5,4%	4	8,2%
J'engagerai de la main-d'oeuvre pour la travailler			3	6,1%
Je ne sais pas	2	5,4%	3	6,1%
Total	37	100 %	49	100 %
Manquent	13		1	
	50		50	

petit exploitant sent très bien que son environnement n'offre pas d'alternative à son comportement traditionnel. Cette forme de résignation au « conservatisme » ressort assez nettement des réponses apportées à une seconde question se rapportant à l'avenir ; mais, cette fois-ci, il s'agissait du sort réservé à l'exploitation même quand l'exploitant cessera d'en faire lui-même l'exploitation (Tableau 69). Si l'on ne tient pas compte de ceux qui ont à remettre leur exploitation à son propriétaire parce qu'ils sont colons, le poids de ceux qui espèrent une certaine continuité est sensiblement égal d'un endroit à l'autre (51,3 % à Saint-Joseph et 42,8 % au Morne-des-Esses), même s'il apparaît relativement faible. Mais le désintéressement de la famille (ou l'absence de relève) à l'égard de cette continuité est nettement plus marqué à Saint-Joseph qu'au Morne-des-Esses. On n'hésite pas à déclarer qu'on l'abandonnera purement et simplement pour qu'elle retourne à la friche (37,8 % à Saint-Joseph contre seulement 8,2 % au Morne-des-Esses). Le souci d'éviter ce gaspillage est par ailleurs plus caractéristique au Morne-des-Esses (18,4 % contre 5,4 % à Saint-Joseph).

IV

L'environnement socio-politique : comparaison entre société monocentrique et société polycentrique

9

Les limites d'une réforme foncière dans une société monocentrique

L'écart mesuré entre utilisation réelle et utilisation idéale du sol apparaît maintenant comme une photographie particulièrement saisissante d'un phénomène de pourrissement de l'agriculture paysanne en cours depuis un certain temps en Martinique. L'accroissement démesuré des importations de produits alimentaires dans le pays[1] et le désengagement progressif de la fonction de producteurs alimentaires chez les petits exploitants agricoles ne vont pas sans s'influencer mutuellement. Les critiques formulées par les exploitants durant les entrevues (prix abusivement bas, difficultés d'écoulement des produits, absence de crédits agricoles[2]) témoignent d'un environnement dépourvu de structures susceptibles de faciliter leurs tâches. Sans encadrement technique, les expériences de modernisation se sont faites à leurs risques et périls, comme en fait foi l'amertume généré par l'acceptation des engrais pour remplacer le fumier. Dans ce contexte débilitant, on invoque l'incapacité des petits exploitants à approvisionner le marché domestique pour ouvrir la porte de plus en plus grande aux importations d'aliments. L'entrée sur le marché domestique des produits alimentaires européens achève de rendre à bout de souffle les producteurs locaux.

Tout se passe donc comme s'il y avait un net manque de volonté politique à l'égard du relèvement de la production alimentaire domestique. Il n'y aurait rien d'étonnant à cela dans le contexte universel de contrôle alimentaire exercé par les « géants du grain[3] », et plus spécifiquement pour la Martinique, dans le contexte des séquelles de la départementalisation.

1. UNE SOCIÉTÉ MONOCENTRIQUE

Dans un ouvrage encore récent, une distinction importante de potentiel dans le développement a été formulée entre les sociétés monocentriques et polycentriques[4]. La différence essentielle entre ces deux types de société provient du rôle joué par les catalyseurs de développement, leur action se trouvant neutralisée dans le premier type et stimulée dans le second. Nous venons à peine de prendre conscience de l'existence de ces catalyseurs :

> Pendant des millénaires, les hommes crurent qu'il suffisait de manger beaucoup pour grandir et se fortifier. C'était affaire de « quantité ». Chacun sait aujourd'hui que le développement d'un organisme est commandé par des éléments « qualitatifs » : les catalyseurs, qui agissent par leur seule présence, sans être détruits, sans paraître même intervenir. Tels sont les enzymes et les hormones. Qu'ils manquent ou soient déséquilibrés, voici le métabolisme déréglé, l'appétit coupé, l'entrain diminué, la croissance arrêtée. Il en va de même de la croissance économique. Mais les catalyseurs sont, en ce cas, d'ordre culturel : c'est ce que j'ai appelé le tiers facteur[5].

Le facteur culturel, bien connu en anthropologie et même en géographie culturelle, n'avait pas encore été étendu jusqu'à incorporer cette hormone qu'Alain Peyrefitte identifie comme étant l'autonomie responsable.

La Martinique et la Barbade font partie d'un même monde culturel où les forces capitalistes ont théoriquement libre cours. Mais, ces forces doivent s'exercer dans des contextes politiques et culturels différents. La distinction entre les formes d'agriculture pratiquées par les petits exploitants en Martinique et en Barbade ne résulte pas seulement des différences dans l'environnement naturel, ni même des différences dans l'environnement économique, comme a pu déjà le laisser entendre Janet Henshall-Momsen[6]. Elle se situe d'abord dans les « dispositions mentales » différentes de l'un et de l'autre groupe :

> Dans les sociétés, le tiers facteur se caractérise par un ensemble de dispositions mentales. L'environnement culturel forme un terreau sur lequel certaines plantes peuvent croître, alors que d'autres s'étiolent... Nous nous rebellons contre l'existence de ce tiers facteur. Nous ne voulons pas admettre que notre manière de penser, ou de nous comporter collectivement, puisse avoir des effets matériels. Nous aimons mieux expliquer la matière par la matière, que par la manière[7].

Sans doute, les Martiniquais ont-ils hérité des « dispositions mentales » des Français et les Barbadiens de celles des Anglais ! Ces dispositions mentales sont reliées à des types de société essentiellement différentes. Dans un cas, les centres de décision sont localisés à plusieurs milliers de kilomètres à Paris : c'est la société monocentrique, où toutes les décisions importantes se prennent en un seul centre. Dans l'autre, la formation à l'autonomie remonte bien avant l'indépendance en 1966 ; les dix dernières années ont vu une affirmation grandissante de cette autonomie, culminant dans les décisions récentes de contrôle sur les importations.

Le continuum des solutions possibles aux problèmes de la petite exploitation agricole qui s'offrait aux planificateurs français en 1961, présentait deux pôles bien distincts. D'un côté, une réforme conçue en laboratoire par des experts, sans mobilisation des populations concernées ; de l'autre, une réforme élaborée sur le terrain avec la participation intense de ces populations. Dans les termes de Peyrefitte, le premier caractérise une « société de défiance », tandis que le second implique une « société de confiance ». Le choix effectivement fait se situait dans la logique de décisions semblables prises à propos de la rénovation urbaine en ces mêmes Antilles françaises[8]. Au lieu de s'inspirer des valeurs locales, on a préféré importer de nouveaux *décalques* de l'extérieur. Les multiples décisions étant imposées de Paris, de Fort-de-France ou de Pointe-à-Pitre, il fallait s'attendre à une perte progressive du contrôle cognitif et affectif de l'environnement par la population locale, accompagnée d'un ressentiment croissant.

Dans le présent chapitre, nous étudierons la réforme foncière entreprise dans les Antilles françaises depuis le début des années soixante. Nous nous attarderons sur le cas particulier où les planificateurs n'ont rien voulu épargner pour qu'elle remporte un franc succès et fasse resplendir dans la Caraïbe la splendeur de la mission civilisatrice de la France.

2. *LA RÉFORME FONCIÈRE AUX ANTILLES FRANÇAISES*

Les objectifs de cette réforme foncière votée en 1961 correspondent bien aux conjonctures socio-économiques des années soixante, et en ceci ne se distinguent en rien des entreprises semblables dans le reste de la Caraïbe :

> À l'origine la nécessité d'abaisser le chômage ou au moins de l'empêcher de s'aggraver davantage ont bien pu forcer les politiciens à jeter un regard neuf sur l'agriculture. Mais depuis 1974 l'urgence de remplacer des aliments dispendieux et parfois rares s'est imposée comme principale force motrice. Bien plus, les nouvelles politiques d'industrialisation dont la région espère se doter dépendent beaucoup de la possibilité d'amenr les exploitants agricoles à produire des récoltes en plus grande quantité, de meilleure qualité et à des coûts moins élevés[9].

TABLEAU 70

Comparaison entre l'ensemble de la Martinique et les seuls lots de réforme foncière (1973)

	CVM*	Canne Banane	Cultures fourragères	Arbres fruitiers	Autres	Total
½-3 ha (Ensemble)	26,6%	19,2%	50,9%	1,6%	1,7%	100%
3-10 ha (Ensemble)	19,1%	25,1%	52,5%	1,1%	2,2%	100%
Lots de réforme foncière	11,7%	35 %	50,4%	0,7%	2,2%	100%

* Cultures vivrières et maraîchères.

N.B. Le RGA 1973 a identifié 605 lots de réforme foncière (comprenant une superficie agricole utilisée équivalente à 4,63% de la superficie agricole utilisée de l'ensemble de la Martinique). Sur le plan structurel, 26,6% ont moins de 3 hectares de superficie, 48,4% entre 3 et 5 hectares, 19,7% entre 5 et 10 hectares et seulement 5,3% ont plus de 10 hectares.

Elle visait essentiellement à favoriser l'accession de l'agriculteur à la propriété rurale et ainsi augmenter l'importance de l'emploi en agriculture[10]. Ce qui la distinguait, c'était l'ampleur de l'opération, l'abondance des moyens financiers à sa disposition, et l'absence de participation de la population locale dans les prises de décisions que comportait l'opération en rapport avec ses directions et ses moyens.

3. LE CAS DE LA MARTINIQUE

Le *Recensement agricole 1973*[11] permet des comparaisons intéressantes entre la situation générale qui prévaut en Martinique et la situation particulière qui caractérise les lots de réforme foncière (Tableau 70)[12]. Deux points méritent particulièrement d'être signalés ici. Premièrement, mis à part le cas des cultures fourragères, les cultures d'exportation se présentent comme l'utilisation du sol dominante (35% des superficies), près du double de celle qui caractérise les petites exploitations de l'ensemble de la Martinique (19,2% pour celles de moins de 3 hectares de superficie). Les petites exploitations y ont nettement perdu leur spécificité. Deuxièmement, même si les superficies moyennes des lots de réforme foncière (4,29 hectares) sont supérieures à celles de l'ensemble de la Martinique, la difficulté qu'éprouvent les chefs d'exploitation à en tirer un revenu suffisant pour leur permettre de rencontrer leurs obligations ne semble pas diminuée. Au contraire, pas moins de 39,2% déclarent avoir un emploi extérieur, ce qui se situe au même niveau que ceux qui font semblable déclaration parmi les petits exploitants de l'ensemble de la Martinique (38,3%) et surpasse considérablement celui des exploitants de taille moyenne (30,7% pour les exploitants de superficies entre 3 et 10 hectares).

4. LE CAS DE MARIE-GALANTE

La petite île de Marie-Galante, une dépendance de la Guadeloupe (Carte 11), a été l'objet d'une expérience de réforme foncière souvent présentée comme ayant rencontré beaucoup de succès et pouvant servir de modèle à toute nouvelle expérience du genre. C'est ce genre de réclame qui a entouré cette expérience qui nous a amené à choisir ce cas en 1975 pour notre étude. Nous avons donc privilégié un territoire où l'expérience de réforme foncière a bénéficié de toutes les chances de succès possibles.

Les mêmes techniques d'analyse que dans les quartiers du Morne-des-Esses et de Saint-Joseph en Martinique ont servi dans un

Carte 11

Localisation de l'île de Marie-Galante dans l'archipel guadeloupéen

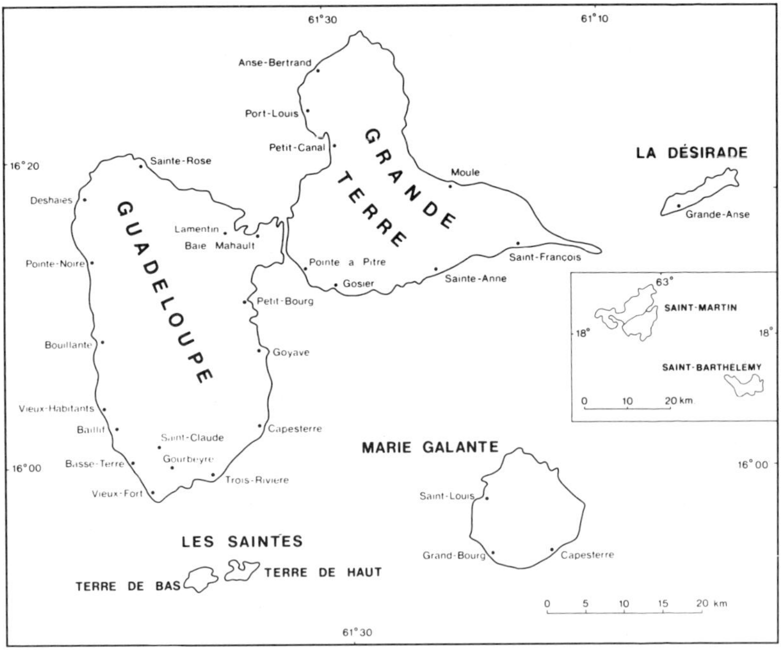

secteur de la commune de Capesterre à Marie-Galante (Carte 12). Il s'agit d'un secteur à cheval sur la ligne de partage entre d'un côté la zone de réforme foncière et de l'autre celle des habitations et petites exploitations traditionnelles (Carte 13). Ce secteur a été choisi parce qu'il permet un échantillon stratifié de petits exploitants agricoles, comprenant une moitié d'exploitants engagés dans la réforme foncière et une autre moitié restés à l'écart. Au total, l'échantillon comprend 24 exploitations[12].

Dans la mesure où la réforme foncière a réussi, nous devrions trouver chez les exploitants qui en font partie un niveau de satisfaction plus élevé que chez ceux qui sont restés dans les exploitations traditionnelles. Étant donné la libération des servitudes antérieures dont ils ont bénéficié, l'écart entre leurs cartes d'utilisation réelle et idéale du sol devrait se révéler faible par comparaison avec celui qui ne doit pas manquer d'exister dans l'autre groupe.

La structure agricole de Marie-Galante[13] montre un déséquilibre moins profond que celle de la Martinique (Tableau 71). Si l'on considère que les petits exploitants agricoles, ici définis comme disposant d'une superficie inférieure à cinq hectares, comprennent comme en Martinique la majorité de tous les exploitants (soit 79,5 %) mais contrôlent ensemble 54,8 % de toute la superficie agricole utile de l'île, on admettra facilement que la répartition des terres entre les exploitants apparaît plus juste. Sans doute, touchons-nous ici l'un des effets les plus bénéfiques de la réforme foncière dans une île de petite taille comme Marie-Galante ! Mais, quand l'utilisation du sol sur ces exploitations est examinée à la lumière des conjonctures économiques actuelles, on reste étonné de constater que la canne à sucre demeure la culture dominante encore à l'heure actuelle dans l'ensemble de Marie-Galante et que son emprise soit plus forte sur les petits que sur les grands exploitants. Sa part de la superficie globale chez ceux qui disposent de moins d'un hectare atteint 54 % (colonne 6, Tableau 71), ce qui contraste clairement avec celle de ceux qui exploitent plus de 25 hectares, soit seulement 25 %. Même si elles se rangent seulement en second lieu, loin derrière la canne à sucre, les cultures maraîchères et vivrières partagent la même structure de distribution dans les diverses classes de superficies des exploitations (colonne 8). À un moindre degré, il en est de même pour les arbres fruitiers (colonne 10). Ces trois cultures occupent chez les petits une part des superficies supérieure à celle qui leur est attribuée dans l'ensemble de Marie-Galante (colonnes 6, 8 et 10). Si on raisonne de la même façon qu'on l'a fait dans le cas de la Martinique, il est ici impossible de dégager des cultures qui soient spécifiques de la petite exploitation agricole. Qu'elle concentre sur ses terres 68 % des superficies plantées en cultures vivrières et maraîchères et 66 % des superficies occupées

Carte 12

Marie-Galante : localisation du secteur étudié

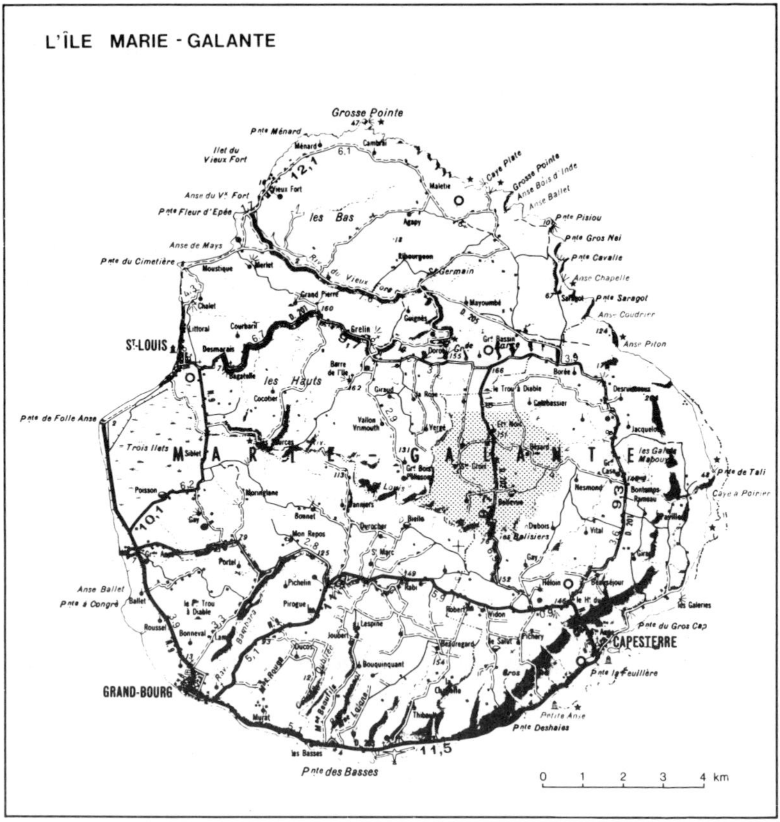

par des vergers, on s'y attend puisque en Martinique ces cultures assurent la spécificité de la petite exploitation. Mais le poids de l'économie sucrière à Marie-Galante est tel que pas moins de 66 % des superficies plantées en canne se retrouve sur cette classe d'exploitations. Clairement, les petits exploitants jouent dans l'économie de leur île à Marie-Galante un rôle différent de celui qui est le leur en Martinique ; mais, on ne peut s'empêcher de penser que leur apport a été détourné en faveur des grands, qui tout en disposant d'une part moindre de la superficie agricole utile qu'en Martinique n'en ont pas moins réussi à contrôler l'économie. Les petits ne semblent pas avoir joui de la liberté nécessaire pour développer leur spécificité ; ils ont dû se soumettre aux impératifs de l'économie sucrière. Rien ne permet de croire que la

Carte 13

Marie-Galante : les quartiers du secteur étudié

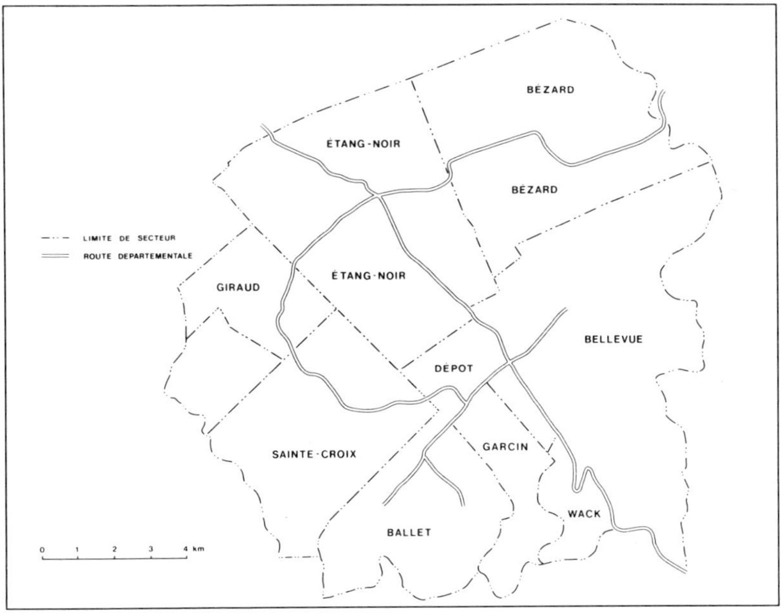

réforme foncière ait rompu avec cette structure d'utilisation du sol. Au contraire, l'image reflétée par le recensement de 1973 implique un retrait progressif de la canne sur la grande plantation ainsi que son occupation envahissante de la petite exploitation. S'il y a eu diminution des surfaces récoltées depuis 1968[14], c'est sur la grande plantation qu'elle s'est surtout fait sentir.

Cette observation n'a pas de quoi étonner si l'on tient compte de l'étendue relative de la réforme. En effet, elle a porté sur 4 559 hectares (jusqu'en 1975), soit sur plus de la moitié de la superficie agricole utile (50,5%) et a touché 1 111 lots (soit 44,6% des exploitations comptabilisées par le recensement)[15]. Et loin de rompre avec la traditionnelle économie sucrière, elle la consacrait en permettant que jusqu'à la moitié des superficies des lots servent à cette culture[16]. Et comme la canne est la seule production agricole dont la commercialisation soit organisée[17], on comprend facilement que les petits agriculteurs se soient sentis contraints de s'y adonner.

Aussi, contrairement à notre hypothèse (Tableau 72), le nombre d'exploitants agricoles qui montrent un écart entre les utilisations

TABLEAU 71

Structure agricole de Marie-Galante

	1	2	3	4	5	6	7	8	9	10
1	6,3	1	6,2	N.D.	1	54	2	31	5	5
2	19,4	7	15,1		9	52	13	28	9	2
2- 5	53,8	46,8	55,9		55	49	53	17	52	1
5-10	17,6	30,9	19,2		27	37	26	13	23	1
10-25	2,6	9,3	3,6		5	23	4	8	4	1
25	0,4	5			3	25	2	3	7	2
Total	100	100	100		100	42	100	16	100	1

1. Nombre d'exploitants dans l'ensemble de Marie-Galante : 2 493 (en %).
2. Superficie agricole utile des exploitations dans l'ensemble de Marie-Galante : 9 021 hectares (en %).
3. Nombre d'exploitants dans la commune de Capestene : 776 (en %).
4. Superficie des exploitations dans la commune de Capestene : 2 640 hectares (en %).
5. Superficie plantée en canne dans l'ensemble de Marie-Galante : 3 669 hectares (en %).
6. Superficie plantée en canne à l'intérieur de chaque classe de taille (en % de la superficie agricole utile).
7. Superficie plantée en cultures vivrières et maraîchères dans l'ensemble de Marie-Galante : 1 341 hectares (en %).
8. Superficie plantée en cultures vivrières et maraîchères à l'intérieur de chaque classe de taille (en % de la superficie agricole utile).
9. Superficie plantée en verger dans l'ensemble de Marie-Galante : 96 hectares (en %).
10. Superficie plantée en verger à l'intérieur de chaque classe de taille (en % de la superficie agricole utile).

réelle et idéale du sol[18] est relativement plus élevé chez les bénéficiaires de lots de réforme foncière (50% exactement) que chez les exploitants en place avant cette réforme (41,7%)[19]. Ainsi, s'ils en avaient le choix, pas moins de la moitié des bénéficiaires changeraient radicalement l'utilisation qu'ils font de leurs exploitations. Ils se tourneraient majoritairement vers l'élevage ; et plusieurs s'adonneraient même davantage aux cultures vivrières et maraîchères. La désaffection à l'égard de la culture de la canne qu'impliquent ces changements désirés paraît légèrement moins généralisée chez les exploitants traditionnels, puisque moins de ceux qui possèdent une carte d'utilisation idéale des sols se tourneraient vers l'élevage (80% et non pas 100%) et la moitié moins vers les cultures maraîchères et vivrières. Ainsi, la différence qui existe entre les deux groupes d'exploitants agricoles semble contredire l'hypothèse que nous émettions précédem-

TABLEAU 72

Utilisation réelle et idéale du sol à Marie-Galante

	Exploitants déjà en place		Exploitants bénéficiaires de lots de réforme foncière	
	N	%	N	%
Avec utilisation idéale	5	41,7	6	50
Sans utilisation idéale	7	58,3	6	50
Utilisation souhaitée :				
. élevage	4	80	6	100
. cultures vivrières et maraîchères	2	40	4	66,7
Nombre total d'exploitants interrogés	12		12	

Source : Carole Jutras, p. 111.

ment, à savoir que l'écart entre les cartes d'utilisation réelle et idéale des sols est plus marqué chez les bénéficiaires de la réforme foncière que chez les exploitants traditionnels. Il existe un état d'insatisfaction profonde qui touche davantage le groupe bénéficiaire que le groupe déjà en place.

Pourquoi le groupe bénéficiaire de la réforme foncière manifeste-t-il ainsi un écart plus grand entre utilisations réelle et idéale des sols ? Nous connaissons déjà la signification de l'écart entre ces deux séries de cartes pour des exploitants agricoles situés dans le rayonnement immédiat de la ville et celui de la plantation. Dans le cas actuel, nous avons affaire à des exploitants qui sont tous situés dans le rayonnement immédiat de l'usine de canne ; mais, à l'intérieur même de ce rayonnement, deux environnements différents ont été créés, l'un résultant des forces historiques sans interférence de la part des planificateurs et l'autre résultant d'une planification omni-envahissante. Bien entendu, les rapports de l'homme avec son environnement varient d'un cas à l'autre.

Tout laisse croire que les bénéficiaires de la réforme se sentent beaucoup moins en équilibre psychologique avec leur environnement que les exploitants de longue date. Pas moins de 40% parmi les premiers déclarent avoir de la difficulté à joindre les deux bouts, contre aucun dans le second groupe[20]. L'environnement ne leur permet pas de gagner leur vie sans tension. Sans doute, les exploitants de longue date résolvent-ils cette tension en s'adonnant sans entrave à une activité extérieure, *i.e.* en ayant un emploi ; ceci est vrai pour plus des deux tiers d'entre eux[21] ; tirant ainsi un revenu supplémentaire, ils jouissent d'une certaine indépendance. Tel n'est pas le cas des bénéficiaires de la réforme foncière, qui en accord avec les principes à la base de la réforme foncière entreprise doivent théoriquement en tirer presque tous leurs revenus. Leurs parcelles, si petites soient-elles, sont considérées comme « viables[22] ». Aussi est-il étonnant de constater qu'un tiers des bénéficiaires occupent un emploi secondaire[23] et que tous parmi eux sans exception considèrent cet emploi comme essentiel au budget familial[24]. Cette unanimité parmi les bénéficiaires qui occupent un emploi secondaire (moins des deux tiers dans l'autre groupe) reflète sans doute l'impasse financière où se trouvent bon nombre des exploitants de ce groupe. Tous ont par ailleurs affirmé tirer de cet emploi un revenu supérieur à celui que leur procure leur exploitation agricole, parce qu'il leur est remis intact, sans les amputations que subissent les revenus tirés de leur exploitation à cause des frais encourus pour son maintien[25].

Cette impasse provient de deux causes principales, leur endettement et leurs obligations. Tous deux sont plus grands dans leur cas que dans celui des exploitants de longue date. D'un âge moyen relativement plus jeune (51 contre 61 ans), ils ont un nombre moyen de personnes à charge plus élevé (6,83 contre 4,58)[26]. Ils disposent évidemment de superficies moyennes légèrement plus étendues (3,50 contre environ 2,52 hectares) et de valeur pédologique supérieure[27]. Mais ils se plaignent davantage de manquer d'espace (30% contre 19%)[28]. Et surtout leur dépendance à l'égard du crédit est beaucoup plus astreignante. Ils sont 89% à déclarer avoir besoin de crédit, alors que seulement 40% de l'autre groupe en font autant. D'un côté, ils ressentent plus profondément le coût élevé du crédit (78% contre seulement 20%). Et de l'autre, ils ont facilement l'impression d'en retirer peu d'avantages : le crédit échappe à leur contrôle, parce qu'une fois « les traites payées, il ne nous reste rien » disent 56% d'entre eux. Ainsi leurs revenus sont largement entamés par les remboursements auxquels ils doivent faire face.

Tous, sans exception, tant les bénéficiaires de la réforme foncière que les exploitants déjà en place, s'accordent pour soutenir que les coûts de production de la canne sont trop élevés[29]. Mais, les premiers sont moins encouragés que les seconds à changer leurs cultures. Ils ne sont que 50% à rejeter la rentabilité de la culture de la canne, contre 75% dans le second groupe[30] ; et pourtant, le tiers de ces derniers prétendent que « la canne, c'est ce qui permet de vivre », contre seulement 17% dans le premier[31]. Rien d'étonnant que leurs perspectives d'une alternative à la culture de la canne soient plus floues. Ainsi, dans le cas des cultures maraîchères et vivrières, ils sont la moitié moins nombreux à reconnaître qu'elles rapportent bien (20% contre

38 %)[32] ou qu'elles se vendent à bons prix (17 % contre 33 %)[33]. Pas moins de la moitié d'entre eux éprouvent de la difficulté à écouler leurs produits et blâment la concurrence trop forte (seulement 17 % dans l'autre groupe)[34]. Ils ne sont que 25 % à écouler leurs produits maraîchers et vivriers à l'extérieur de Marie-Galante sur le marché de Pointe-à-Pitre, contre 42 % dans l'autre groupe[35]. Ainsi, face à leur environnement, ils ne jouissent évidemment pas de la même liberté de manœuvre que les exploitants déjà en place.

En somme, l'écart entre les cartes d'utilisation réelle et idéale du sol, plus marqué chez les bénéficiaires de la réforme foncière que chez les exploitants en place avant eux, s'explique par la disharmonie plus grande qui existe à l'intérieur d'eux-mêmes entre leur environnement et leurs aspirations. La situation d'affrontement continue des dernières années entre les exploitants agricoles et l'usine n'a pas d'autre source. Mais, la différence dans les écarts ne tardera pas à s'effacer. Pas moins de 40 % du groupe des bénéficiaires se proposent dans l'immédiat soit de ne plus replanter de canne (30 %) soit de diminuer les superficies plantées en canne (10 %) ; la proportion de ceux qui ont des intentions analogues dans le groupe des exploitants traditionnels est deux fois moindre (18 %)[36]. On se rapprochera peut-être du modèle affiché sur les cartes d'utilisation idéale des sols.

Devant cette situation, on reste étonné d'entendre les autorités départementales de la Guadeloupe qualifier la réforme foncière de Marie-Galante comme une « réussite »[37]. Sans aucun doute a-t-on modifié la structure foncière ! Sur ce plan, Gilbert Numa a déjà démontré qu'au rythme où progresse la réforme en Guadeloupe, il faudra encore 40 ans pour « arriver à des structures agraires satisfaisantes[38] ». Mais dans la perspective qui nous occupe, l'échec le plus retentissant paraît se situer au niveau des structures d'utilisation du sol. Au lieu de stimuler le développement de la spécificité propre de la petite exploitation, on a créé des conditions qui l'ont davantage enfoncée dans l'économie dominante axée entièrement sur l'exportation. Alors que peu était fait sur le plan psychologique et sur le plan économique dans le sens de la spécificité propre de la petite exploitation[39], la faiblesse de l'apport de la petite exploitation à la production de denrées alimentaires ne cessait d'aggraver le déséquilibre de la balance commerciale de ces îles avec l'extérieur.

10

La petite exploitation dans une société polycentrique : le cas de la Barbade

De 1960 à 1972, la croissance des importations a été sans commune mesure avec elle des exportations dans la plupart des territoires antillais. Mais, le fossé s'est creusé beaucoup moins profondément en Barbade (190% et 110%) qu'en Martinique (268% et 41%)[1]. Les importations ont augmenté moins vite (−78%) et les exportations plus vite (69%) en Barbade. Sans doute, l'indépendance survenue en 1966 a-t-elle exercé un effet modérateur ! Mais, l'action positive du gouvernement face aux petits exploitants agricoles a davantage encouragé la production de denrées alimentaires pour la consommation locale.

Le gouvernement de la Barbade fait face à une structure foncière non moins caractéristique d'un état de sous-développement que celui de la Martinique. Moins de 3% des exploitants agricoles disposent de 88% des superficies agricoles ; et à l'inverse 95% doivent se contenter d'à peine 12% de ces superficies. Entre les recensements agricoles de 1961 et 1971, cet état au lieu de s'améliorer s'est aggravé (Tableau 73).

Tout comme en Martinique[2], la taille moyenne des exploitations agricoles a diminué (−6,9%). C'est la micro-exploitation qui a enregistré la diminution la plus forte, soit 58,6%. Malgré cette tendance à la parcellisation des terres, le gouvernement de la Barbade n'a pas choisi de résoudre son problème agraire par la réforme foncière : il n'en avait pas les moyens financiers. Son action s'est plutôt exercée dans le sens de la mobilisation des exploitants agricoles en fonction d'une plus grande productivité. À la tête d'une société fortement polycentrique, il n'avait pas à recourir à Londres pour élaborer un programme de correction. En contact continu avec la population, il a conçu son programme en accord avec cette population. Cette façon de faire est

TABLEAU 73

Structures agraires de la Barbade selon les recensements de 1961 et 1971

a) Nombre d'exploitants agricoles (en %) :

	1 acre	1-5 acres	5-10 acres	10 acres	%	N
1961	77,9%	19,5%	1,1%	1,1%	100%	27 912 acres
1971	86,2%	12,2%	9,6%	1 %	100%	26 052 acres

b) Superficie des exploitations agricoles (en %) :

	1 acre	1-5 acres	5-10 acres	10 acres	%	N
1961	6,1%	7,3%	1,5%	85,1%	100%	84 458 acres
1971	4,4%	7,2%	1,4%	87 %	100%	73 995 acres

c) Superficie moyenne des exploitations (en acres) :

	1 acre	1-5 acres	5-10 acres	10 acres	%
1961	0,352	1,666	6,343	251,434	3,03
1971	0,146	1,672	6,285	243,989	2,82

Diminution (en %) :

	1 acre	1-5 acres	5-10 acres	10 acres	%
	-58,5%	-0,4%	-0,9%	-3 %	-6,9%

Source : Ces données ont été extraites des documents pertinents au ministère de l'Agriculture à Bridgetown en Barbade.

monnaie courante dans une « société de confiance ». Rien d'étonnant à ce que des recherches sérieuses aient porté sur la petite exploitation agricole, contrairement à ce qui s'est passé en Martinique ! Et ces recherches ont éclairé les « preneurs de décision » dans la mise sur pieds d'institutions susceptibles de répondre aux besoins particuliers des petits exploitants agricoles.

1. CONNAISSANCE DE L'ENVIRONNEMENT PROPRE À LA PETITE EXPLOITATION

La première étude portant sur la condition de la petite exploitation agricole remonte à 1930[3]. L'étude classique de Halcrow et Cave[4] date de l'après-guerre. Durant les années 60, pas moins de cinq thèses de maîtrise ont été réalisées par des étudiants de l'Université McGill sur ce même sujet[5], dont quatre en géographie. Depuis lors, une série d'articles sur la question ont paru dans la revue annuelle *Proceedings of the West Indian Agricultural Economics Conference*. Ainsi, contrairement à ce qu'on a observé en Martinique, une recherche sérieuse a porté sur la petite exploitation agricole depuis au moins 1930.

2. *MISE SUR PIED D'INSTITUTIONS PARTICULIÈRES AUX PETITS EXPLOITANTS*

Le petit « paysannat[6] » semble avoir été plus lent à se reconstituer en Barbade qu'en Martinique à la suite de l'émancipation des esclaves. L'absence d'espace inoccupé à l'intérieur du pays explique cette particularité de la Barbade. Le petit paysannat ne pouvait que s'infiltrer entre les plantations existantes au gré soit de la bonne volonté des planteurs qui désiraient s'assurer les services d'une main-d'œuvre résidant à proximité de leurs plantations soit même des ventes de plantations. Rien ne nous permet d'affirmer que cette infiltration se soit effectuée uniquement sur des terres de qualité pédologique inférieure[7]. De sorte que la répartition spatiale des petits exploitants agricoles présente peu de concentrations comparables à celles de la Martinique[8].

Par ailleurs, cette lenteur s'est accompagnée d'une reconnaissance croissante du rôle de la petite exploitation plus tôt qu'en Martinique. Deux manifestations significatives de cette reconnaissance ont été la création de la Banque de Prêts aux Paysans (Peasant Loan Bank) en 1937 et l'engagement d'instructeurs agricoles pour paysans (Peasant Agricultural Instructors) en 1936[9]. Pour la première fois, semble-t-il, on mettait sur pied des institutions spécialisées à l'intention des petits exploitants agricoles. La confiance appelle la confiance. Aussi les emprunts étaient-ils généralement remboursés dans les délais prévus :

> Ça reflétait entre autres la confiance des paysans dans la Banque, la prudence dans les tractations de la Banque à même les fonds publics, le discernement judicieux dans l'efficacité potentielle des prêts individuels, et l'amélioration du statut du paysan qui venait s'ajouter à son esprit d'indépendance et à son désir ardent de posséder la terre qu'il cultive...[10]

L'Office de commercialisation de la Barbade (Barbados Marketing Corporation) existe légalement depuis 1961[11]. Jusqu'à ce moment, seul le sucre jouissait de facilités de commercialisation. Et comme les autres produits agricoles, notamment les légumes, étaient principalement l'affaire des petits exploitants agricoles, la création de cet office répondait à un de leurs besoins bien précis.

Ainsi, la création même de ces divers organismes impliquait la reconnaissance dans les faits que la petite exploitation agricole se distinguait nettement de la grande dans ses rapports avec son environnement. Vers la fin des années soixante, des voix se sont élevées pour demander la formulation d'une politique distincte de développement à l'égard de la petite exploitation. Il y eut tout d'abord en 1969 une recherche portant sur la production des légumes en Barbade[12], qui pour la première fois s'est appuyée sur un double échantillon de gros et de petits exploitants agricoles. Puis l'année suivante, en 1970, l'un des auteurs de cette recherche présentait un vibrant plaidoyer pour une politique spécifique de développement pour les petits exploitants: «... il est temps de formuler des plans particuliers de développement agricole qui reconnaissent les problèmes posés aux cultivateurs par l'environnement dans chacun des sous-secteurs[13].» L'objectif visé devrait être de rendre le sous-secteur de la petite exploitation agricole «plus viable et plus efficace». Il n'est pas désirable de rechercher à faire disparaître à courte échéance la dichotomie existante à l'intérieur du secteur agricole, parce que trop peu de recherche a porté jusqu'à maintenant sur la taille optimale des exploitations[14]. Dans les îles françaises, ce rappel de notre ignorance aurait sans doute pu avoir un effet salutaire avant l'entreprise de la réforme foncière fortement ostentatoire présentement en cours.

3. *LA SPÉCIFICITÉ DES PETITS EXPLOITANTS AGRICOLES*

Shephard et Henshall ont écrit qu'il n'y a pas eu de tentative pour mettre au point une agriculture adaptée aux ressources et aux circonstances des petits exploitants agricoles[15]. On estimait en 1969 que plus de 83% des superficies plantées en légumes verts en Barbade se trouvaient concentrées sur les petites exploitations[16]. L'année suivante Nurse écrivait que «mis à part la tomate, dont la production est surtout l'affaire des grandes plantations, les petits exploitants agricoles sont responsables de la production de plus de 70% de tous les légumes[17]». Dans les plans antérieurs de développement agricole, on n'a pas suffisamment tenu compte de cette spécificité des petits exploitants: «On les formulait sans faire convenablement référence à l'environnement dans lequel les exploitants agricoles (et en particulier les petits) prennent leurs décisions de gestion[18].»

Le petit exploitant pourrait bénéficier considérablement en substituant les légumes à la canne à sucre. Ingersent, Brathwaite et Nurse ont clairement démontré qu'il pourrait plus que doubler ses revenus[19]. Si ces auteurs ont plutôt insisté sur les efforts que les petits exploitants devraient fournir pour atteindre cet objectif, Nurse s'attarde sur les modifications qu'il faut apporter à l'environnement dans lequel ils doivent prendre leurs décisions de gestion[20].

Henshall avait auparavant démontré qu'en Barbade les petits exploitants ont une «*one-crop mentality*», une mentalité à culture unique, qui n'en est pas moins doublée d'une «*great adaptability to variation in minor crops*[21]». La canne à sucre exerce un empire beaucoup plus envahissant qu'en Martinique. La répartition même des petites exploitations, coincées dans les espaces intersticiels des plantations expose le petit exploitant à l'influence continue du grand planteur; il ne lui est pas aussi facile d'y échapper qu'en Martinique. Par ailleurs, le fait qu'une grande variété de cultures se rencontrent (quoique avec une moindre fréquence) sur ses exploitations suggère que « le cultivateur de Barbade a accès et est disposé à essayer des légumes et des fruits inaccoutumés[22] ».

4. RÔLE DES ORGANISMES RESPONSABLES DE L'AGRICULTURE

Le rôle du ministère de l'Agriculture en Barbade est bien moins ambigu qu'en Martinique. En ce pays, comme le fait remarquer Nurse[23], l'Association des producteurs de sucre (qui regroupe 90% des propriétaires de plantation et 100% des usines de sucre) dirige sa propre unité de recherche agronomique. Le ministère de l'Agriculture se trouve ainsi libéré pour mieux consacrer ses efforts à aider les petits. Au contraire, en Martinique, la Direction départementale de l'agriculture et la Chambre de l'agriculture doivent s'occuper indistinctement des grands comme des petits. Si l'on se rappelle que « la grande exploitation en pays sous-développés devient synonyme de contrôle de main-d'œuvre, de pouvoir politique et de prestige social[24] », la voix des petits risque d'être moins entendue en Martinique qu'en Barbade ! Surtout si l'on tient compte du fait que toute décision importante doit se prendre à Paris ! Les petits disposent nécessairement de beaucoup moins de moyens pour porter leurs besoins à l'attention de leur gouvernement que les grands, qui eux peuvent se rendre à Paris avec assez de facilité. L'impuissance des petits est aggravée du fait que le seul organisme qui pourrait parler en leur nom, le syndicat des exploitants agricoles, n'est pas conçu pour s'occuper de leurs besoins particuliers ; il représente l'ensemble de la profession agricole, où le pouvoir des grands peut s'exercer avec aisance. Dans cette circonstance, il n'y a pas à s'étonner que les petits éprouvent de la méfiance à l'égard des organismes qui devraient protéger leurs intérêts.

5. COMPARAISON ENTRE LES APPROCHES ADOPTÉES EN MARTINIQUE ET EN BARBADE

Nous ne sommes pas encore en mesure d'affirmer que l'approche adoptée en Barbade face à la petite exploitation agricole aie réussi. Mais, son originalité consiste à orienter les tendances existantes plutôt qu'à entreprendre une réforme grandiose. Ces approches tout à fait différentes nous amènent à rejeter l'hypothèse de stades dans l'évolution de la petite exploitation dont le point de départ serait un système de culture fondé sur la subsistance et le point d'arrivée un système fortement orienté vers l'agriculture d'exportation. Cette hypothèse implique que le contenu et la succession de ces stades sont semblables dans toutes les parties de la Caraïbe[25]. Ce modèle qualifié de « dynamique », suppose une dépendance inhérente de ces pays à l'égard des pays développés.

Au contraire, le modèle proposé dans la présente analyse se fonde sur la capacité des petits exploitants agricoles à faire une contribution originale au développement de leur pays. L'idée fondamentale de cette contribution existe déjà dans l'utilisation du sol qui caractérise la petite exploitation depuis ses débuts. En Barbade, on a choisi de travailler dorénavant dans le sens de cette tendance ; mais on n'a strictement pas touché au déséquilibre de la structure foncière qui continue de se détériorer. On était sans doute conscient que l'idéal serait une structure foncière où la majorité des exploitants disposeraient de superficies de taille intermédiaire. Cet idéal se présente à tous les pays sous-développés : « L'exploitation agricole de taille moyenne mise en valeur par son propriétaire demeure un idéal à poursuivre dans les pays sous-développés...[26] » Mais, sur quoi pouvait-on se fonder pour déterminer cette taille moyenne ? Il n'existe pas de formule magique pour l'établir ; même les Nations unies ont adopté une position critique à cet égard[27]. En Martinique, par ailleurs, l'approche adoptée a été complètement inverse. On a investi des sommes proportionnellement fabuleuses pour accroître le nombre de petites exploitations aux dépens des grandes ; mais on a clairement abandonné les petits déjà en place à leur sort, on les a laissé à leurs propres ressources. Au nom de la justice, on a voulu établir un équilibre à l'intérieur de la structure foncière. Il fallait agir vite ; on n'avait pas le temps d'effectuer des recherches pour déterminer quelle devrait être la taille optimale des exploitations à créer. Dans l'optique d'une politique d'accession généralisée à la terre, on a décidé de favoriser l'accession à la « petite » exploitation. On se préoccupait davantage de « superficie viable » que de productivité. Cette politique de développement où n'existe pas d'intégration entre les secteurs agricole et industriel est caractéristique d'une société monocentrique. Et pourtant, même avec cette politique à courte vue, nous avons vu que la réforme foncière s'accomplit beaucoup trop lentement ; tandis que dans l'intervalle la masse des petits exploitants reste condamnée à végéter dans l'isolement.

La solution adoptée en Barbade implique le pari que le surplus de main-d'œuvre va trouver à s'employer dans le secteur industriel. On se trouvait donc libre de s'occuper davantage des petits déjà en place, dans l'espoir qu'en améliorant leur sort on diminuerait les inégalités sociales. La solution qui a prévalu en Martinique au contraire, s'attaquait artificiellement à ces inégalités sociales et se fondait implicitement sur le doute que le secteur industriel puisse éventuellement absorber le surplus de main-d'œuvre. Ce surplus généré dans le monde rural devait trouver à s'employer dans le secteur même de l'agriculture. Au risque même de forcer les petits déjà en place à croupir, toutes les ressources financières ont été canalisées dans la réforme foncière. Bref, dans la première solution, rien n'est fait pour empêcher que la structure foncière ne continue à se détériorer ; et dans la seconde, aucun appui n'est accordé à la masse des petits qui doivent user d'ingéniosité pour rester dans la compétition avec les gros qui continuent de contrôler à la fois l'exportation et l'importation.

L'incompatibilité entre la justice sociale et l'efficacité économique[28] trouve ici une illustration saisissante. Dans un cas, l'héritage culturel prédisposait au choix de l'efficacité économique : il semble que la petite exploitation agricole en Barbade soit en voie d'y parvenir, même si elle le fait lentement et péniblement. Au contraire, dans le cas de la Martinique, la prédisposition allait dans le sens de la justice sociale ; mais le choix effectué ne s'en avère pas moins un échec. Si dans les îles françaises, où toutes les chances de réussite ont été mises du côté des planificateurs, on a abouti à ce résultat désolant, il faut bien admettre que l'idéal de justice sociale reste lui-même difficile à atteindre. Pourtant, si on devait tenter à l'intérieur du cadre politique actuel une réforme inspirée d'un modèle incorporant à la fois cet idéal de justice sociale ainsi que celui d'efficacité économique, les difficultés pourraient bien apparaître insurmontables ; les Nations unies n'ont-elles pas averti que « la viabilité économique et la justice sociale ne marchaient pas nécessairement la main dans la main[29] ! » À moins qu'on veuille vraiment solliciter la participation paysanne, au profit même des petits exploitants avec garantie de non-interférence de la part des gros !

V

Conclusion

11

Petite exploitation agricole et modernisation

La dynamique de l'apprentissage de l'environnement, en tant que catégorie spéciale d'apprentissage, n'a pas reçu dans le passé auprès des chercheurs l'attention qu'elle méritait[1]. Downs et Stea ont tenté de remédier à cette déficience en démontrant comment l'individu apprend un nouvel environnement, en l'occurrence une ville où il vient s'installer pour y demeurer. Sa carte mentale, produit de ses apprentissages antérieurs, l'aide à accélérer l'apprentissage à ce nouvel environnement. S'il était facile pour Downs et Stea de dégager les particularités de ce processus dans le cas d'un environnement nouveau, ils n'ont pas démontré comment ce même processus est aussi à l'œuvre dans un environnement en changement rapide. On n'a qu'à étudier la carte mentale de l'individu à divers moments dans le temps (*v.g.* t_1: année de l'enquête; t_0: année précédant celle de l'enquête; t_2: année suivant celle de l'enquête, etc.), comme nous l'avons fait dans cet ouvrage, pour constater que l'individu, dans ce cas-ci le paysan, est constamment en état d'apprentissage à l'égard de son environnement, que ce soit le même environnement modifié dans le temps ou un environnement entièrement nouveau.

Ainsi, dans les Antilles françaises où les changements ont été particulièrement rapides depuis la départementalisation survenue en 1946, le petit exploitant agricole a-t-il eu plus qu'ailleurs à s'ajuster. Tous les secteurs de l'économie ont été modernisés dans son environnement. Il ne serait pas exact de prétendre que seul le secteur de l'agriculture a échappé à cette modernisation, puisque ce n'est pas le cas de l'agriculture d'exportation. Mais, étant donné que 85% des exploitants agricoles qui s'adonnent à une agriculture axée sur le marché local et la consommation domestique ont été mis en veilleuse, on reste en mesure d'affirmer que la modernisation envahissante les a contournés. Ainsi ils ressortent dans l'environnement comme des témoins d'un monde déjà ancien. Pourtant si l'apprentissage de l'environnement ne souffre pas de blocage chez le paysan, on ne peut le considérer comme témoin d'un monde désormais dépassé. C'est qu'il connaît mieux que tout autre les possibilités et les limites de son environnement. Il sait par expérience discerner ce que cet environnement est susceptible d'accepter ou de rejeter. Il est donc en mesure d'opérer mieux que tout autre un tri dans les idées et les techniques nouvelles. Il agit en expérimentateur d'expérience. Et parce que les stimuli sont différents selon qu'il est proche ou loin de la ville, il se prête différemment aux changements d'un endroit à l'autre. L'ajustement écologique n'enregistre pas de temps d'arrêt, parce que l'environnement, lui, est en état de changement continu[2].

Dans cette perspective, toute politique de modernisation doit se fonder sur la foi dans la capacité du paysan à orienter lui-même son développement. Il ne s'agit pas ici de donner prise à une forme quelconque de romantisme[3]. Comme l'a écrit Susan George,

> Des intrants plus modernes pourraient et devraient être introduits à divers endroits dans la chaîne de production et de distribution alimentaire pour débloquer les goulots, améliorer la qualité, etc. La pire politique qu'un pays sous-développé puisse entretenir consiste à acheter des «*packages*» de technologie étrangère, qui ne tolèrent aucune liberté dans la combinaison des divers éléments modernes et traditionnels. On ne peut pas abandonner aux cultivateurs tout le soin de doser le mélange des intrants modernes et traditionnels. Ils ont besoin de l'aide des chercheurs et des techniciens[4].

Comme nous le rapportions au début de cet ouvrage[5], le recours à l'aide n'implique pas qu'il s'agisse de n'importe quel intellectuel: «Non pas l'espèce qui sait, mais l'espèce qui a à apprendre. Non pas l'espèce qui parle, mais l'espèce qui écoute[6].» Après avoir donné plusieurs exemples d'intégration fructueuse entre ouvriers intellectuels et manuels[7], Susan George rappelle que la responsabilité première n'en reste pas moins dans les mains des pays sous-développés eux-mêmes:

> Leur influence [*i.e.* celle des intellectuels] ne sera nécessairement [...] qu'une goutte d'eau aussi longtemps que les gouvernements des pays sous-développés eux-mêmes ne feront pas une *politique publique* de la recherche et de la mise au point de solutions de type intermédiaire et bon marché à leurs problèmes, qui comprennent une participation maximale de la part des ruraux eux-mêmes[8].

La participation dont il est ici question ne doit pas s'accompagner d'arrière-pensée de récupération. Le paysan du tiers monde a toujours fait les frais des politiques bien intentionnées de développement. L'un des exemples les plus éloquents est le sort réservé à l'application par l'ACDI (Agence canadienne de développement international) des résultats d'une recherche effectuée par le CRDI (Centre de recherche en développement international) à Caqueza près de Bogota en Colombie[9]. Comme entreprise de Développement rural intégré (DRI), elle visait essentiellement à augmenter la production alimentaire, à fournir de l'emploi aux ruraux, à mettre un frein aux migrations vers les villes, à abaisser le taux d'accroissement de la population rurale, et à remplacer les aliments importés par une production domestique. Mais, dans la pratique, elle ne semble que créer une classe de « petits paysans capitalistes »

> pour servir de tampon entre la masse des démunis et le petit groupe de privilégiés. Les paysans qui composent le groupe cible [...] peuvent s'intégrer dans le système agricole « monétisé ». En d'autres mots, leur exploitation est assez grande pour que les banques, les ministères du gouvernement et les organismes internationaux d'aide les considèrent comme valant la peine de risquer du crédit à leur intention...[10]

Ce qui se passe aux Antilles françaises, plus particulièrement en Martinique, ressemble étrangement à cette récupération. Comme dans l'expérience du DRI en Colombie, on a escamoté une réforme en profondeur. Celle qui a été entreprise ne touche qu'une infime proportion des paysans sans terre, et surtout elle les embrigade dans une forme d'agriculture essentiellement axée vers l'exportation[11]. Les institutions de crédit à la disposition des paysans déjà en place ne profitent qu'à une minorité qui peut offrir des garanties de remboursement. C'est véritablement l'équivalent de la classe de « petits paysans capitalistes » dont il a été question à propos de la Colombie. Pour ce qui touche à ceux qui n'ont pas accès au crédit, et peut-être aussi à ceux qui y ont accès, les mesures avancées supposent que la partie est d'avance perdue. Sous prétexte de l'âge relativement avancé des petits exploitants (*i.e.* 54 ans dans les deux communautés étudiées précédemment), on postule qu'il n'y a rien à faire avec les gens en place. En l'absence d'études sérieuses, on pousse la logique du préjugé (cf. chapitre premier) jusqu'à mettre sur pied une politique d'éviction polie à leur égard, qui respectera la sensibilité de la forme de capitalisme dominant, mais qui ne pourra pas se faire sans douleur pour les déplacés. Il est bien entendu que dans le contexte régnant, beaucoup de petits exploitants se prévaudront des offres de l'Indemnité viagère de départ, un montant versé aux exploitants qui accepteraient de se départir de leurs exploitations[12]. Contrairement aux autres pays sous-développés, la Martinique peut se permettre une solution aussi coûteuse à cause de son rattachement à la France. Elle est pour ainsi dire dans cette position étrange et unique qui lui permet littéralement d'acheter le départ des gens qui ont été marginalisés, ce qui est beaucoup plus facile, quand on a les crédits nécessaires, que de changer les conditions qui ont créé cette marginalisation. On préfère se priver du réservoir de connaissances environnementales dont ils disposent pour recommencer à neuf avec des gens qui dans bien des cas n'auront que des connaissances formelles acquises dans des institutions d'enseignement, et ne rien dire de l'avenir qui est réservé aux partants dans une société qui n'a aucune pitié pour les gens d'âge moyen qui tentent de se faire une place au soleil en se cherchant un emploi !

Ainsi, la solution envisagée tend à exclure le petit exploitant déjà en place. Autrefois il bénéficiait au moins d'une tolérance. Aujourd'hui il est victime de l'ambiguïté où on l'a toujours gardé. D'un côté, on cherche à s'en débarrasser, comme on vient de le voir ; et de l'autre, suite à la prise de conscience d'une dépendance alimentaire de plus en plus grossière à l'égard de la Métropole, on s'est rendu compte que son apport à l'économie est indispensable. Le *VIIe Plan de développement* et le *Schéma départemental d'aménagement rural* font nettement état de cette préoccupation. Pourtant, au lieu d'une modernisation fondée sur la technologie douce[13], respectueuse de l'écologie, on recourt à une technologie industrielle dont les exigences sont déshumanisantes pour l'agriculture[14]. Comme le petit exploitant en place n'a pas la tournure d'esprit propice à cette orientation, on est dans l'obligation de le remplacer. Le SDAR a donc raison d'invoquer la rupture que représente cette orientation avec la situation antérieure : « L'orientation définie par les pouvoirs publics, vers la mise en place d'une agriculture moderne de type familial, marque une rupture avec la réalité sociale actuelle[15]. » La nouvelle petite exploitation ne s'inscrit plus dans la lignée de l'ancienne. Le modèle choisi est étranger au vécu du petit exploitant martiniquais. Pourtant, Provent et De Ravignan nous avertissent :

> Pour qu'une rupture affirmée soit agissante, il faut qu'elle soit intériorisée par les populations, qu'elle prenne donc racine dans leurs problèmes réels et l'expression qu'ils en donnent.
> Mais les ruptures ne peuvent procéder de ces problèmes réels que si les populations ont le *pouvoir* de prendre conscience, de rechercher et d'intérioriser les ruptures nécessaires, de les rendre agissantes[16].

Provent et De Ravignan sont catégoriques au sujet de ce type de rupture intériorisée : « De tout ceci, aucun pouvoir centralisé n'est, par définition, capable. » L'histoire ne nous enseigne-t-elle pas d'ailleurs que chaque fois qu'on a tenté du dehors de remplacer une structure de petite exploitation agricole existante par une structure étrangère, ou bien on a « assassiné » le paysannat ou bien on l'a acculé à un état de révolte permanente.

Dans la Caraïbe anglaise, on semble s'être rendu compte plus tôt de ce besoin de rupture intériorisée entre l'ancien et le nouveau. La recherche de la modernisation a pu y être entreprise avant que la dépendance alimentaire ne devienne trop choquante. Le contexte se prêtait davantage à ce que soient remplies les huit conditions jugées absolument nécessaires par Frances Moore Lappé et Joseph Collins pour qu'un pays parvienne à l'autonomie alimentaire :

1. L'autonomie alimentaire requiert une juste répartition du contrôle des ressources agricoles par des unités locales autosuffisantes, organisées démocratiquement.
2. L'autonomie alimentaire dépend du pouvoir d'initiative des masses et non des directives gouvernementales.
3. L'autonomie alimentaire basée sur l'initiative des masses suppose la solidarité et donc l'égalité.
4. Avec l'autonomie alimentaire, le commerce devient le prolongement organique du développement ; ce n'est plus le pivot fragile dont dépend la survie.
5. L'autonomie alimentaire, c'est réconcilier agriculture et alimentation.
6. L'autonomie alimentaire fait de l'agriculture une fin en soi et non un moyen.
7. Dans une politique d'autonomie où l'alimentation est une priorité, l'industrie est au service de l'agriculture, ville et campagne se rejoignent.
8. L'autonomie alimentaire requiert planification et coordination[17].

Cette dernière condition entre autres se voit remplie depuis le lancement, dans le cadre de CARICOM, d'un Plan régional d'alimentation et la création d'un organisme de recherche, Institut caraïbe de recherche et de développement (CARDI) dont l'objectif est d'augmenter l'efficacité du Plan. Ainsi, un projet de recherche de cet Institut à Belize, consacré à la petite exploitation agricole (« *milpa* »), vise-t-il en premier lieu à augmenter la production alimentaire sur les « *milpas* », de façon à élever le niveau de vie du « milpero », et en second lieu, à comprendre en profondeur le système de la « milpa » dans le but d'allonger la durée d'une « milpa » et ainsi d'augmenter la superficie qu'un « milpero » peut gérer avec sa famille de façon économique et profitable[18]. Ce type de projet révèle assez clairement la préoccupation des planificateurs d'éviter toute forme de rupture avec le passé de façon à effectuer une mobilisation efficace des exploitants agricoles pour rencontrer les objectifs du Plan régional d'alimentation. En plusieurs pays, on n'a pas hésité à interdire l'importation d'un certain nombre de produits alimentaires. De telles mesures ne sont sans doute pas de nature à plaire aux élites locales ; mais déjà des résultats encourageants ont été signalés, notamment en Guyana, où on a pu récemment annoncer avec fierté qu'en ce pays on réussissait maintenant à s'autoapprovisionner en produits alimentaires de base[19].

Ainsi, nous voyons que dans les Antilles françaises et anglaises on a choisi deux orientations diamétralement opposées. Évidemment, dans un cas jouit-on de plus de liberté que dans l'autre pour critiquer la forme de société de consommation que l'Amérique du Nord et l'Europe cherchent à lui imposer ! Et il semble qu'on soit davantage prêt à accepter les pénuries temporaires inhérentes à toute politique d'autonomie alimentaire.

Évidemment, mesurée en termes de productivité, la supériorité de l'orientation que semble adopter la Caraïbe anglaise reste encore à démontrer. Mais, elle a le mérite de prendre poliment ses distances à l'égard des modèles dominants. D'autres avant elle doivent leur succès à cette distance, qui leur a permis de faire un tri dans les technologies modernes pour ne retenir que ce qui leur permettait cette intériorisation dont nous avons parlé :

> Au cours des dernières années — écrit James Grant —, les pays en voie de développement qui ont atteint la productivité à l'acre et l'intensité de la main-d'œuvre les plus élevées ont été ceux qui ont suivi le modèle japonais plutôt que les modèles américains ou russes. Ces derniers se distinguent par une production par l'homme élevée, alors qu'en beaucoup de pays en voie de développement ils aboutissent en une sous-utilisation à la fois des terres rares et de la main-d'œuvre abondante[20].

Au contraire, les Antilles françaises, et notamment la Martinique où la plantocratie a réussi à manipuler la politique pour retenir sa position dominante dans l'économie même après la départementalisation de 1946, on se prépare à reproduire fidèlement le modèle européen. Il ne faut donc pas s'étonner de voir les petits exploitants agricoles réagir à cette situation singulièrement abusive en recourant en masse à une stratégie de désengagement progressif, comme l'ont montré les écarts considérables entre les cartes d'utilisation réelle et idéale des sols.

Les cartes d'utilisation idéale du sol ont indiqué les directions majeures qu'aimeraient prendre les petits exploitants agricoles, ainsi que les obstacles à vaincre pour qu'ils puissent s'y engager. Les transformations spontanées en cours aux abords de la ville pourraient se propager dans l'ensemble du pays. Dans la mesure où la politique agricole saurait se brancher « à l'écoute des paysans », elle contribuerait efficacement à stimuler la production alimentaire. Elle implique nécessairement une prise de position ferme en faveur de l'autonomie alimentaire. Mais, plus fondamentalement encore, elle exige un renversement des attitudes à l'égard des petits exploitants. La foi en leurs aptitudes enlèverait les obstacles qui empêchent l'énergie latente chez eux d'avoir libre cours et qui font dévier certains d'entre eux vers la production florale. Une fois tombé le préjugé de l'indolence et de l'apathie de l'Antillais, sorte de déterminisme culturel, on pourrait enfin jeter les bases d'une révolution de l'agriculture dans les Antilles :

> ... la différence cruciale entre les pays sur le plan de la productivité et de l'intensité de la main-d'œuvre n'est pas d'abord une question d'attitudes culturelles à l'égard du travail — écrit encore Grant —, mais c'est plutôt une question de l'organisation de l'agriculture, c'est-à-dire dans quelle mesure les exploitants ont accès ou pas aux systèmes de support dont ils ont besoin. Dans les rares pays ou régions où ils ont en fait cet accès, l'occupation en agriculture se fait à temps plein...[21]

Toute mobilisation d'une population en vue d'un objectif à réaliser tel que l'autonomie alimentaire ne peut réussir que dans la mesure où l'objectif est perçu comme exhaltant par cette population :

> Pour entraîner l'adhésion d'un maximum d'individus — nous enseigne le psychologue Erspicum — il faut que la poursuite du but lointain s'accompagne de satisfactions immédiates correspondantes à un accroissement de qualité de vie, notamment amené par le sentiment de participation aux décisions. La résistance à un changement, même impérativement nécessaire, est étroitement liée à un manque d'informations intégrées à la valorisation d'une action personnelle[22].

Dans la situation actuelle, indépendemment de leur modèle mental d'utilisation du sol et de leur bonne volonté pour travailler ce sol, l'image mentale que les résidents des mornes entretiennent de leur espace collectif grossit démesurément certains traits négatifs. Ce sont des lieux de refuge et de misère. La parcellisation continue de cet espace, ainsi que la préférence affichée des autorités pour les espaces « non morneux » par opposition à leur insouciance profonde à l'égard des mornes ne contribue pas pour peu à accentuer cette perception populaire. Tout doit donc être mis en œuvre pour lui substituer une image plus positive.

L'éducation et la recherche doivent se donner la main pour faire ressortir la continuité qui existe entre l'ingéniosité spontanée des petits exploitants agricoles et l'objectif d'autonomie alimentaire pour le pays. En effet, dans le passé, la recherche de l'autonomie alimentaire pour la famille a amené peu à peu la mise en place d'une forme de polyculture nettement plus en équilibre écologique avec l'environnement naturel que la monoculture des grandes plantations. Cette adaptabilité remarquable malgré le poids écrasant des conditions socio-économiques prédominantes devrait être source de fierté profonde. Sans être aussi spectaculaire, le défrichement des mornes et leur mise en valeur par la création du système de polyculture antillais se situent autant à la frontière du peuplement humain en milieu antillais que les grandes épopées de la poussée vers l'Ouest en Amérique du Nord.

L'éducation doit davantage faire connaître cette grande aventure humaine qui prend tout son sens en notre ère de redécouverte écologique. En fait aussi longtemps qu'une forme d'économie axée sur le maintien et le grossissement des fortunes de quelques-uns inspiraient les grandes politiques du pays, sa signification restait forcément dans l'ombre. Il apparaissait même important de l'avilir en ne lui réservant que des espaces marginaux, en ne lui consacrant que des temps marginaux (les fins de semaine), en dénigrant sa productivité, également réputée marginale et de ce fait coûteuse, aussi bien que son manque de compétitivité face au déversement sur le marché local de produits abondants et moins chers.

La mise en place d'institutions susceptibles de redonner confiance (syndicalisme des petits exploitants agricoles, office de commercialisation des produits agricoles, crédits agricoles, coopératives, écoles d'agriculture, etc.) doit s'accompagner d'une recherche qui approfondisse l'héritage agricole des mornes et dégage les améliorations souhaitables à la lumière de la science moderne.

Mais, le renversement recherché dans l'image mentale ne sera atteint que si l'échelle de valeur officielle de la société environnante est elle-même renversée. En d'autres mots, l'agriculture d'exportation doit se mettre au service de l'agriculture de consommation domestique, au lieu de la situation inverse qui n'a cessé jusqu'à nos jours de caractériser les rapports entre espaces morneux et « non morneux[23] ». L'agriculture d'exportation n'est indispensable que dans la mesure où elle procure au pays les biens de production pour les exploitants agricoles et les biens de consommation essentiels que ne peut produire le pays. Ainsi, si jamais une politique véritable d'autonomie est mise en vigueur, le superflu et le luxe se verront éliminés.

L'effet d'une action concertée d'une éducation fondée sur la fierté, d'institutions valorisantes, et d'une reconnaissance par la société environnante produirait nécessairement chez le petit exploitant une image de lui-même nettement positive. On verrait alors un rétrécissement progressif du fossé existant entre les utilisations réelle et idéale des sols. Les effets de cette image positive se diffuseraient ainsi dans tout le système de production alimentaire, comme l'indiquaient Lester Brown et Erik Eckholm :

> Les progrès de la petite exploitation agricole dans la plupart des pays en voie de développement peuvent aider à améliorer la répartition des revenus, à réduire le chômage, à ralentir le

> flot grossissant des migrants aux dépens de la campagne et au profit des villes, et à augmenter considérablement l'approvisionnement alimentaire national et mondial[24].

Bref, une politique d'autonomie alimentaire fondée sur la petite exploitation agricole peut ainsi déclencher un développement qui profiterait principalement aux groupes dans la société qui en ont vraiment le plus grand besoin.

Enfin, on peut se demander si pour parvenir à un tel renversement il est nécessaire de passer par une révolution paysanne, comme le supposent Provent et De Ravignan[25]. De toutes les stratégies auxquelles peut recourir le petit exploitant agricole, elle est la plus extrême, c'est ce qui explique que nous n'en avons pas parlé auparavant. Elle est aussi la plus problématique. Mais, ne serait-il pas possible qu'un pays aussi éclairé que la France puisse prévenir cette éventualité ? Il s'agirait pour elle d'inviter les petits exploitants à se syndicaliser pour prendre la véritable dimension de la force qu'ils représentent. Ils seraient ensuite en mesure de participer avec ou sans le gouvernement à la mise sur pied d'une sérieuse réforme agraire en profondeur. Dans cette entreprise, les grands planteurs ne seraient pas autorisés à intervenir pour récupérer l'opération à leur avantage. Mais, ils n'ont pas à craindre que dans le changement de rapports de force ils ne soient pas appelés à jouer un rôle important. En Barbade, où une amorce de politique d'autonomie alimentaire a été tentée, les grands planteurs ont perdu leurs privilèges, sans cesser de jouir d'un niveau de vie enviable. Si la Métropole prenait ainsi conscience des particularités de ses départements d'outre-mer et y autorisait l'implantation d'une politique d'autonomie alimentaire, les rapports humains se verraient grandement améliorés. Les petits exploitants seraient alors en mesure d'assumer pleinement leur rôle de producteurs d'aliments. Il reste à savoir si les politiciens sont capables de se convertir pour changer aussi radicalement les orientations politiques données aux Antilles françaises. « La plupart des États actuels — écrivent Provent et De Ravignan — ne feront le choix d'une révolution radicale que s'ils y sont contraints et forcés [...] et sans doute contraints d'abord de changer de système politique[26]. » La France attendra-t-elle qu'il soit trop tard ?

Notes et références

Introduction

1. Cette expression est empruntée à l'ouvrage de Dan Morgan, *les Géants du grain*.
2. Cf. Frances Moore Lappé et Joseph Collins (1977).
3. Cf. Susan George (1976).
4. Cf. Sterling Wortman et Ralph W. Cummings Jr. (1978).
5. Cette thèse a récemment fait l'objet d'un exposé de George S. Atkins (commentateur agricole sénior, Corporation canadienne de diffusion, Toronto, Ontario) au cours d'une session (portant le numéro 1205) durant la *Première Conférence globale sur le futur dans les années 80*, tenue à Toronto du 20 au 24 août 1980. Ce commentateur s'occupe de renseigner les petits agriculteurs du tiers monde sur les moyens d'améliorer leurs rendements et leurs revenus à l'aide de cassettes préenregistrées distribuées aux responsables agricoles locaux.
6. Cf. Barry Floyd (1976), p. 2-3.
7. Cf. Jacques Desruisseaux (1975); voir plus spécialement les pages 21 et 40. Notons que pour cet auteur la petite propriété englobe toutes les propriétés de superficie inférieure à dix (10) hectares (p. 23). Il ne disposait pas des moyens d'affiner davantage son analyse (p. 14). Ainsi définie, la petite propriété comprend ce que nous appellerons plus loin la moyenne aussi bien que la petite propriété.

Chapitre premier

1. Voir Suan George (1976), p. 120-130; Frances Moore Lappé et Joseph Collins (1977), p. 157 ss.; Cazès et Domingo (1975), p. 171-178; Knight et Wilcox, (1976), p. 38-42; René Dumont (1975), p. 48-69, etc.
2. Guernier (1968), p. 108.
3. Meadows et coll. (1972).
4. Herrera (1977), p. 267-268.
5. *Ibid.*, p. 156 et 167.
6. Surtout Frances Moore Lappé et Joseph Collins (1977), et Susan George (1976).
7. Plusieurs chapitres de l'ouvrage de Moore Lappé et Collins sont explicitement consacrés à ce sujet.
8. René Dumont (1975), surtout p. 102-121.
9. Provent et De Ravignan (1977), p. 43-67.
10. *Ibid.*, p. 82-110.
11. *Ibid.*, p. 100.
12. *Ibid.*, p. 101.
13. *Ibid.*

14. René Dumont (1978), C'est le titre de l'introduction à cet ouvrage.

15. L'étude de cette stratégie pour la Caraïbe a été entreprise récemment par une équipe de chercheurs du Centre de recherches caraïbes de l'Université de Montréal, cf. Serge Larose et Marion Léopold, *Collectif paroles*, n° 4, mars 1980.

16. Cf. Abu Muhammad Shajaat Ali (1980).

17. Christian Girault (1979).

18. E.J. Johnson (1970), p. 214 (traduction de l'auteur).

18a. Henri Mendras (1976), p. 212.

19. Gould (1963).

20. Wharton (1969), particulièrement le travail de Everett M. Rogers (chap. 5): les dix catégories qu'il attribue à l'agriculture paysanne sont toutes présentées de façon négative.

21. Geertz (1963).

22. Lerza dans l'ouvrage de Lerza et Jacobson (1975), p. 48, trad. de l'auteur.

23. Knight et Wilcox (1976), p. 22-36.

24. Schrimshaw et Taylor (1980), p. 78 99.

25. Delawarde (1937), p. 79.

26. Révert (1949), p. 39.

27. Moral (1978), p. 188-189.

28. *Ibid.*

29. Cité dans Gabriel Gagnon (1976), p. 247.

30. Maillard, J.-C. (1977), p. 2.

31. Hensall-Momsen (1970).

32. Donald Q. Innis (1980).

33. Ce centre est situé dans le sud-ouest d'Haïti près de Miragoâne (cf. Bibliographie sous Madian-Salagnac).

34. Madian-Salagnac (1978), p. 23-24.

35. Il est curieux que la seule critique connue par l'auteur de l'approche employée par ces chercheurs vienne d'un autre chercheur en Haïti. Elle repose d'après lui sur « une certaine conception romantique et fausse de la société paysanne » (cf. Christian Girault, 1979, p. 381).

36. Pimentel (1980).

37. Jacoby (1971), p. 264-274.

38. John Brierley (1974), p. 274, traduction de l'auteur.

39. En 1967, Millikan et Hapgood avaient déjà laissé sous-entendre que la taille des exploitations ne constituait pas un facteur important en lui-même (p. 94). Theodore W. Schultz (1964) a été encore plus explicite à ce sujet: « La taille des exploitations peut changer à la suite de la transformation — elles peuvent s'agrandir ou diminuer — mais les changements de tailles ne sont pas à l'origine de la croissance économique qui découle de cette dynamique de modernisation » (p. 111), traduction de l'auteur.

40. David Grigg (1970), p. 136.

41. *Ibid.*, p. 138.

42. Moore Lappé et Collins (1978), p. 213. Moore Lappé avait déjà développé ce thème dans un ouvrage antérieur (1975, p. 241-242); cf. aussi Power et Holenstein (1976), p. 104-108; et Fabre (1978), p. 147-148.)

43. *Ibid.*, p. 215; voir aussi Lerza et Jacobson (1975), p. 12; et surtout Jim Hightower (1973), l'article au complet.

44. Selon Carol et John Steinbart, rapporté par Catherine Lerza (1974), p. 48. La même argumentation est reprise par Dumont et Mottin avec beaucoup de vigueur (1980, p. 31-32) et Pimentel (1980).

45. Grigg, *op. cit.*, p. 138 ; cf. aussi Cazès et Domingo (1975), p. 151.

46. Moore Lappé et Collins (1978), p. 229-230.

47. Cf. Borgstrum (1967), p. 146.

48. *Ibid.*, p. 142. Pourtant cet accroissement de la productivité agricole va de pair avec une absence de réforme des structures, comme l'écrit Guillain (1972, p. 291-293), qui déplore que « la famille se tire d'affaire, ne vend pas, vit mal, et exploite mal sa propriété trop exiguë » (p. 292).

49. Borgstrum, *op. cit.*, p. 102, trad. de l'auteur.

50. Broyelle (1980), p. 251-259.

51. *Ibid.*, p. 253.

52. *Ibid.*, p. 254-255.

53. Ce thème est courant dans la littérature caraïbe.

54. Erspicium (1972), p. 105.

55. Frances Moore Lappé écrit au sujet des pays sous-développés que s'il y a beaucoup de place pour des améliorations dans ces pays, elles pourraient se réaliser avec des accroissements de ressources beaucoup plus restreints qu'il ne le faudrait dans les pays développés. On peut y pratiquer une agriculture scientifique sur des exploitations de une ou deux acres, avec une main-d'œuvre familiale, et sans grosse machinerie alimentée par de l'énergie fossile. On a fait la preuve dans des pays comme Formose que le petit exploitant se met vraiment à l'œuvre « quand il y a un système de crédit convenable, quand on met à sa disposition les services dont il a besoin, et quand on l'insère dans un système de commercialisation et de distribution qui lui assure des revenus proportionnés à ses efforts » (1975, p. 242). Des constatations semblables ont été faites par Brown et Eckholm : « Pour de multiples raisons — écrivent-ils — [...], il faut porter une attention toute spéciale dans les pays en voie de développement aux petits exploitants agricoles, qui ont été trop souvent négligés. On a de plus en plus de preuves que ces petits exploitants, quand ils ont accès aux intrants nécessaires, au crédit, aux services d'encadrement, s'adonnent à une culture exigeante en main d'œuvre et produisent des rendements alimentaires à l'acre considérablement supérieurs à ceux des cultivateurs de grandes exploitations... » (p. 228-229) (trad. de l'auteur).

56. Susan George (1977), p. 103 (trad. de l'auteur).

Chapitre deuxième

1. Albertini (1965) ; voir aussi « Les Antilles sans tutelle », par Georges Mauvais (1980).

2. *Recensement général de l'agriculture* (1973), DOM, *Martinique*, n° 5, novembre 1975.

3. Cf. R. Paquette, (1978), p. 77-93.

4. BUMIDOM, soit Bureau de migration dans les DOM.

5. J.-B. Delawarde, (1937) p. 23-57 ; E. Révert, (1949) p. 258-272 ; J. Desruisseaux, p. 17-21.

6. D. Kervegant, (1936). Bien entendu, des différences sérieuses de méthodologie existent entre ces deux recensements, celui de 1973 marquant une nette amélioration sur celui de 1935. La mise au point d'un fichier exhaustif des exploitants comme point de départ au recensement fait toute la différence entre ces deux recensements. Mais, il n'en reste pas moins que Kervegant d'un côté admet que le travail de 1935 « n'est pas à l'abri de toute cri-

tique » et de l'autre le considère « comme un des recensements les plus précis qui aient été effectués depuis longtemps » (cf. p. 95).

7. Ce qui n'a pas empêché que les données de 1935 soient utilisées par l'administration jusqu'à la veille du *Recensement général de l'agriculture*, parfois même sans indication de source ou sans mention de leur déphasage par rapport à la réalité du moment. À titre d'exemple, voir deux *Rapports d'information* soumis au Sénat, l'un en 1965 et l'autre en 1970 (cf. Champeix (1965), p. 39-40 ; Piot (1970), p. 15).

8. Delawarde (1935, p. 5) conteste le chiffre de 4 696 petits exploitants qui figure au recensement de 1935. Il explique qu'il situerait plutôt leur nombre entre 16 000 et 18 000. Cette contestation est reprise par Révert (1949, p. 268-269) ; mais il ignore le chiffre proposé par Delawarde et préfère se servir du chiffre du recensement. La difficulté de recenser l'univers des petites exploitations agricoles apparaissait probablement insurmontable. Il est révélateur de constater que le recensement de 1911, le seul sérieusement fait entre 1895 et 1935, n'ait rien eu à dire au sujet du nombre des petites exploitations (cf. Kervégant, p. 99-100 ; Révert (1949), p. 267).

9. Parallèlement à la prolifération des petites exploitations agricoles, la population active engagée dans une activité agricole voit sa part de la population active de l'ensemble de la Martinique décliner sans arrêt (47,6% en 1954, 41,1% en 1961, 29,7% en 1967, et en 1974 seulement 18,1%. La véritable signification de ces deux mouvements apparemment en directions opposées reste encore à étudier.

10. Bernissant (1916), p. 113 ; Révert (1949), p. 317.

11. Cité dans Kervégant, p. 100.

12. Bernissant, p. 112.

13. *Ibid.*, p. 147 ss.

14. Révert, 1949, p. 317.

15. Cf. note 8. L'absence de données dans le recensement de 1911 et la sous-estimation probable du chiffre présenté dans le recensement de 1935 vont dans ce sens.

16. Kervégant, p. 96-97 : soit 6 221 hectares en cultures vivrières et 5 775 hectares attribués à la petite exploitation.

17. *Ibid.*, p. 104. L'auteur fait ici un survol rapide de l'histoire à ce sujet.

18. *Ibid.*, p. 110.

19. *Ibid.*, p. 111.

20. Bernissant, p. 177.

21. *Ibid.*, p. 192.

22. Calcul effectué à partir des données de Guinguan (1976).

23. *Ibid.* Soit 1,12% en 1954, 2,99% en 1961, 3% en 1967 et 3,66% en 1974.

24. Les cantines scolaires en servant des repas « européanisés » contribuent puissamment à ces changements dans les habitudes alimentaires.

25. Irene Hawkins (1976), p. 34.

26. Kervégant, p. 111.

27. Révert (1949), p. 325 : « À côté [...] de ces « gros légumes », ceux dits « de France » prennent une importance qui ne fait que grandir avec l'élévation du niveau de vie. On s'est aperçu que choux, navets, oignons, carottes, petits pois et même pommes de terre poussaient fort bien au prix de quelques précautions simples... »

28. *Ibid.*, p. 319. Il semble que les « légumes de France » aient commencé à entrer dans la composition des cultures durant la Deuxième Guerre mondiale.

29. Rapport du FIDOM pour 1971, tel que cité dans le *Rapport d'information* (p. 52) par J. Piot et autres en 1971. Si une erreur aussi grossière ne devait pas avoir d'effet, on pourrait la passer sous silence ; mais, comme elle est reproduite dans un document officiel du Sénat, elle est de nature à induire en erreur ; elle fait effectivement conclure à tort que d'après le FIDOM « le premier objectif (*i.e.* de la réforme foncière) serait donc atteint ».

30. Ducroquet et Sturm, p. 34.

31. Département de la Martinique, Ve Plan 1966-1970, t. III, p. 15-19.

32. *Ibid.*, p. 12.

33. Département de la Martinique, *Compte rendu d'exécution, VIe Plan de développement économique et social*, p. 196.

34. *Ibid.*, p. 198.

35. *Ibid.*, p. 71.

36. Ducroquet et Sturm, p. 2-3.

37. *Promotion, Martinique 1980*, p. 13.

38. *Ibid.*, p. 14.

39. *Ibid.*, p. 25.

40. *Ibid.*, p. 26.

41. Bernissant, p. 178.

42. Romain Paquette (1978).

43. Cette erreur a déjà été commise par le passé en matière d'urbanisme, comme le démontrent les articles antérieurs de l'auteur.

44. *Conférence de l'agriculture de la Martinique*, 16 et 17 décembre 1976, Commission « Conditions de vie », n° 1.8.

45. *Ibid.*, n° 2.10, qui constitue le texte de la cinquième motion retenue par la Conférence.

46. Schéma d'aménagement de la Martinique, *Agriculture et espaces naturels*, janvier 1976, p. 22-23.

47. En Barbade, le cas du petit exploitant a été étudié en lui-même, au moins depuis 1947 (cf. le travail de Halcrow et Cave). Plus récemment, en 1969, dans une étude portant sur les cultures maraîchères, des enquêtes séparées ont été menées auprès des grands planteurs (« *estates* ») et des petits exploitants (« *small-holders* »), et deux listes de recommandations bien distinctes ont pu être formulées. De la sorte, les intérêts des « petits » ne se trouvent pas assimilés à ceux des « grands » (cf. Ingersent, Brathwaite et Nurse).

Chapitre troisième

1. Cf. l'ouvrage de Found (1971).

2. Maria Isaura Pereira de Tueiros (1965), p. 763.

3. Le sens donné ici au concept d'environnement sera défini au chapitre suivant.

4. L'indice de diversité des cultures mesure l'importance numérique de chaque culture dans une association de cultures, cf. Geertz (1963).

5. Ce thème a été longuement élaboré dans la thèse de doctorat de l'auteur (1968).

6. Cf. Jacques Desruisseaux (1975), plus spécialement les pages 21 et 40. Notons qu'ici la petite propriété englobe toutes les propriétés de superficie inférieure à dix hectares (p. 23). L'auteur ne disposait pas des moyens

d'affiner davantage son analyse (p. 14). Elle comprend donc ce que nous appellerons plus loin la moyenne aussi bien que la petite propriété.

7. *Ibid.*, p. 15.

8. La Martinique n'échappe pas à un certain déterminisme de l'environnement. On peut lui appliquer ce que Claude Auroi a écrit de Cuba: « Exporter pour importer, telle est la contrariété fondamentale de son économie [...] N'ayant pas d'industries de base, son développement agricole est tributaire de l'importation de biens de capitaux. C'est une économie ouverte » (Auroi, 1975, p. 12).

9. Cf. Peter Gould (1966).

10. Ces travaux ont été regroupés dans l'ouvrage de Downs et Stea paru en 1973.

11. Cf. Downs et Stea (1977); voir aussi Moore et Galledge (1976).

12. Antoine S. Bailly a fait un résumé de ces travaux en français en 1977.

13. Saarinen (1976) a montré comment le travail de Lunch (1960) a inspiré la recherche subséquente en rapport avec l'image mentale de l'environnement (cf. Saarinen, 1976, p. 109-124).

14. Cf. Gould (1963).

15. Found (1971).

16. Saarinen (1976), p. 163.

17. À ce sujet, voir Downs et Stea (1973), chapitre premier.

18. Beck et Wood (1976), p. 200-201, trad. de l'auteur.

19. *Ibid.*, p. 236.

20. Vance (1972), p. 192.

21. *Ibid.*

22. Lowenthal et Prince (1965).

23. Saarinen (1976), p. 194.

24. Wolpert (1964).

25. Spark et Gould (1970).

26. Sans doute l'une des meilleures études sur le rôle de l'idéal en géographie est celle de Yi-Fu Twan (1974), surtout les chapitres 9, 10 et 11.

Chapitre quatrième

1. Dr. Barry Floyd (1976), p. 6, trad. de l'auteur.

2. *Ibid.*

3. Cf. Romain Paquette (1978).

4. *Recensement général de l'agriculture* (1973), n° 10, p. 7; voir aussi note p. 78 de l'article précité de l'auteur.

5. Les subventions de recherche dont nous disposions provenaient du programme FCAC (Formation de chercheurs et d'action concertée) du ministère de l'Éducation de la province de Québec. Ces subventions permettent aux chercheurs de s'adjoindre des étudiants qui préparent des thèses, surtout au niveau de la maîtrise. La portion de ces subventions, généralement utilisées à l'intérieur du Québec, que ces chercheurs sont autorisés à consacrer à des frais de déplacement est rigoureusement contrôlée. Dans le cas d'une recherche en Martinique, les coûts du transport par avion entre le Québec et la Martinique laissaient peu de réserve pour couvrir d'éventuels frais de déplacements sur le terrain même.

6. Cette carte a été préparée pour fin de publication dans l'*Atlas de la Martinique* que préparait le Centre d'études de géographie tropicale du CNRS,

sous la direction du professeur Guy Lasserre (cf. Jacques Desruisseaux, *op. cit.*, note 1, p. 9).

7. Voir introduction, note 7.

8. Ce recensement ne nous était pas accessible sous sa forme actuelle au moment où l'échantillon a été mis au point.

9. Ces critères ont été établis à partir d'études antérieures sur la structure foncière: Jean Benoist (1968); Jacques Desruisseaux (1975; A. V. Norton, et G. E. Cumper (1966).

10. Cette vérification n'a pu être effectuée avant l'enquête, parce que le RGA n'a été rendu accessible que plusieurs mois après l'enquête. Seule une partie de ce travail de vérification peut être présentée ici.

11. Le recensement appelle PAT (Personne-Année-Travail) une équivalence de trois cents jours de travail (cf. *Recensement général...*, p. 180).

12. Les exploitants du Vauclin se distinguent de ceux des autres communes par l'importance accordée à la culture de la banane destinée à l'exportation.

13. Pour les étudiants canadiens responsables des enquêtes, il s'agissait d'un premier contact avec le milieu tropical. Le fait d'avoir à s'installer et à demeurer dans une communauté de petits exploitants agricoles donnait à leur séjour un caractère d'expérience vécue qui rendait difficile le respect intégral d'un échantillon aléatoire. L'influence d'un réseau de connaissances qui gravitait autour du lieu d'hébergement introduisait un biais difficile à évaluer dans l'échantillon. Ce biais s'aggravait du fait qu'il fallait réduire au minimum les distances à parcourir, parce que les déplacements se faisaient à pied. Si l'on ajoute que le séjour des étudiants coïncidait avec la période la plus chaude en Martinique et que les entrevues ne pouvaient avoir lieu qu'au cours de rendez-vous fixés d'avance, on comprendra qu'il fallait n'exiger de chaque étudiant qu'un nombre restreint d'entrevues. L'expérience a démontré que la réalisation de vingt entrevues bien faites constituait un objectif raisonnable.

14. Évidemment, au tout début, le projet n'avait pas l'ampleur qu'il a prise par la suite. Les étudiants canadiens allaient effectuer des recherches dans le but de réaliser des thèses ou des mémoires qui faisaient partie de leur formation académique. Effectivement, deux mémoires ont été terminés au cours de l'année 1976 (Daniel Laberge et Carole Jutras). Le projet a été modifié en janvier 1976, quand l'auteur a reçu confirmation de son congé sabbatique pour l'année académique 1976-1977. Il a alors conçu un projet plus élaboré où la préparation de thèses ou de mémoires s'insérait dans une recherche susceptible d'intéresser les organismes canadiens spécialisés dans les problèmes de développement international. Ce projet a été soumis au CRDI, qui en juin de la même année a décidé de lui accorder son appui financier. C'est ainsi qu'au cours de ce même été une étudiante (Danièle Simard) a pu continuer à travailler dans le but de préparer un mémoire, alors qu'un autre étudiant, déjà expérimenté en milieu tropical (Maurice Gauthier) a participé à la cueillette de données. Dans cette nouvelle optique, les travaux des étudiants peuvent être considérés comme constituant une véritable préenquête.

15. Voir chap. 3.

16. La formule pour le calcul de l'indice de diversité des cultures comprend deux données, soit le nombre de plants différents cultivés (Np) et le nombre de sortes de plants cultivées (ns) sur l'ensemble des exploitations à l'étude: $1 = \frac{Np}{Ns}$

17. Dorothée Bertrand-Mineau (1973), p. 153; voir aussi Yolande Frenette (1978).

18. Ce travail a été effectué en 1973. Un rapport a par la suite été remis à la DDA (Direction départementale de l'agriculture) de la Guadeloupe. Un étudiant a réalisé un mémoire de baccalauréat dans le cadre de cette étude: Gilbert Mathieu (1974).

19. RGA p. 8-9. Effectivement, l'unité de production doit satisfaire au moins trois conditions pour être considérée comme une exploitation agricole: être engagée dans la production agricole, atteindre ou dépasser une certaine dimension évaluée à 25 ares, et être gérée quotidiennement par une seule personne. La seconde condition, qui nous concerne particulièrement ici, est assortie d'une alternative: « ou présence d'une activité minimale de production agricole (animale ou végétale), quelle que soit la surface de production, ou combinaison des deux ». Ce seuil présente ainsi une grande élasticité, que la réalité complexe lui imposait. Bertrand-Mineau ne constate-t-elle pas qu'à Reculée « la superficie en terre ne joue ni sur la présence ni sur la grandeur des jardins » (D. Bertrand-Mineau, 1973, p. 142).

20. D. Bertrand-Mineau (1973), p. 67.

21. D'ailleurs le recensement lui-même décompose les données portant sur les petites exploitations en deux classes principales: celles qui ont moins d'un demi-hectare (les micro-exploitations) et celles qui en ont plus tout en restant en deçà de trois hectares.

22. L'obtention des informations nécessaires au tracé des cartes d'utilisation idéale des sols est particulièrement délicate. Aucun des pré-enquêteurs canadiens n'avait été capable d'y parvenir à Saint-Joseph et au Morne-des-Esses. Il s'agit d'un domaine subtil qui exige des moyens également subtils pour y avoir accès. L'enquêteur qui ne possède pas la langue d'expression courante du répondant est ainsi mal équipé. Avec les enquêteurs martiniquais le tracé des cartes d'utilisation idéale des sols a été obtenu dans plus de 84 % des cas.

23. Cf. le travail d'Hobkirks (1973) sur Vancouver.

24. Cf. l'article de l'auteur dans l'ouvrage sur Sherbrooke dont il a dirigé la publication (1979).

25. Cf. thèse de Ph. D. de l'auteur (1968).

26. Voir dernière question du questionnaire en Annexe A.

27. Cette technique a été employée dans la thèse de Ph. D. de l'auteur (1968).

28. Les seules cultures qui se prêtaient à un tel décompte de leurs nombres étaient les arbres fruitiers et les arbustes.

29. Les plantes ornementales sont cultivées à des seules fins d'ornementation; les plantes dites florales, par ailleurs, se distinguent par le fait qu'elles sont destinées au marché.

30. Le questionnaire est reproduit en Annexe A.

31. Voir chapitre troisième.

32. Joseph Sonnenfeld (1968 et 1972); voir aussi le *Bulletin de géographie* du Département de géographie de l'Université de Sherbrooke, 1973, n° 18: R. Paquette, G. Tétreault et P. Baril.

33. Pour retrouver les origines de cette approche analytique, voir la thèse de doctorat de l'auteur (1968).

34. Gilbert Numa (1972), p. 293.

35. Marie-Galante est une île qui dépend de la préfecture de la Guadeloupe.

36. Carole Jutras (1976), p. 87.

37. Alain Peyrefitte (1976), p. 362.

38. *Ibid.*, p. 174 et chap. 21, p. 196-208.

39. *Ibid.*, p. 196.

40. Peyrefitte, *op. cit.*, p. 189. Cet auteur emploie l'expression « tiers facteur immatériel » pour désigner les forces mentales à l'œuvre dans la dynamique du développement : « Dans les sociétés, le tiers facteur se caractérise par un ensemble de dispositions mentales. L'environnement culturel forme un terreau sur lequel certaines plantes peuvent croître, alors que d'autres s'étiolent... »

41. Barbados Marketing Board.

Chapitre cinquième

1. Dans ce chapitre et les suivants, les abréviations suivantes seront fréquemment utilisées : SJ : Saint-Joseph — MdE : Mornes-des-Esses — CUR : Carte d'utilisation réelle — CUI : Carte d'utilisation idéale.

2. Tous les pourcentages présentés sont ajustés de façon à tenir compte des valeurs manquantes.

3. Voir l'article de l'auteur paru en 1978 dans la revue *Environnement africain*.

Chapitre sixième

1. Il semble que la surestimation de l'apport de l'autoconsommation dans le milieu familial soit fréquente dans les Antilles. L'auteur a fait la même constatation à Linden en Guyana (cf. R. Paquette, 1968).

2. Auroi (1975), p. 43-44.

3. Livet (1969), p. 130, note 8.

4. Grigg (1970), p. 133.

5. *Ibid.*, p. 138-139. Cette controverse est résumée dans Jacoby, p. 74-78, qui prend nettement position contre la petite exploitation. On arrive à une conclusion diamétralement opposée si on adopte une position d'approvisionnement alimentaire mondial.

6. Gilbert Numa (1972), p. 419.

7. Les emplois en milieux ruraux comprennent des salariés réguliers (1 à SJ et 6 au MdE), des salariés saisonniers (0 et 4), des ouvriers non spécialisés (2 et 0), ainsi que des revendeurs (euses) (4 et 0). Ceux des milieux urbains touchent des ouvriers spécialisés (6 et 4), des employés dans le secteur tertiaire (5 et 1) et dans le transport (1 et 1), des professionnels (3 et 0), des ouvriers non spécialisés (3 et 0), une ménagère et un artisan à SJ.

8. Les usines ou habitations suivantes ont été mentionnées :

		N			N
SJ :	Usine du Gallion	1	MdE :	Usine du Gallion	2
	Usine du Larenty	1		Habitation Lasalle	2
	Habitation De Reynald	3		Habitation St-Étienne	1
	Habitation Rivière-Laure	2		La Richard	3
				Combat	1

Chapitre septième

1. Raymond Massé (1979), p. 47, distingue forme juridique et forme sociologique de contrôle. Selon lui, la première serait relativement forte en

Guadeloupe où le colonat partiaire joue un rôle important ; et la seconde en Martinique où le colonat partiaire est faible. Cette hypothèse implique que le colon reste au service du béké... Or le petit exploitant semble jouer maintenant au Morne-des-Esses le rôle qui était dévalu autrefois au béké. Il n'est pas impossible qu'il en soit ainsi ailleurs.

2. Font exception une seule exploitation à SJ avec une superficie inférieure à un demi-hectare et une autre au MdE avec une superficie supérieure à trois hectares.

3. Cette surévaluation n'aurait été que plus prononcée si nous avions disposé de données précises sur la « structure foncière réelle », telle que définie par Yolande Frenette (1978) par opposition à la « structure foncière formelle » ou cadastrale, parce que les superficies sont nécessairement plus restreintes dans la seconde.

4. Cf. T. F. Saarinen (1966), chap. 4.

5. Les données météorologiques pour une période de 28 ans ont été tirées de l'ouvrage de Pierre Pagney sur le climat des Antilles. Les données pour les années 1974, 1975 et 1976 proviennent du *Bulletin de météorologie de la Martinique*.

6. Moore Lappé et Collins, p. 213-215. Pour une argumentation contraire, voir Jacoby (1971) p. 74-76 ; voir aussi chap. premier du présent ouvrage.

7. T. F. Saarinen (1966), chap. 4.

8. Le poids des trois dernières années dans la perception s'impose très clairement dans le cas des années à faible rendement (63 % à SJ et 65,6 % au MdE). Cette constatation s'accorde avec celles de Saarinen et justifie l'importance (double) accordée à ces années dans la formule de perception climatique.

Chapitre huitième

1. Cf. chap. 5.
2. Cf. chap. 3.
3. Cf. Romain Paquette (1978).
4. Le texte complet du test apparaît en Annexe A.
5. Cf. Eugène Revert (1949), p. 323-325.
6. Cf. *Ibid.*
7. Cette hypothèse mériterait d'être étudiée plus en profondeur, parce que la constatation de cette signification symbolique a d'abord été faite dans une petite ville (cf. Romain Paquette, 1968).
8. Cf. chap. 5.

Chapitre neuvième

1. Cf. chap. 2.
2. Le crédit agricole existe en Martinique. Mais il est clair que les conditions d'accès sont telles que presque tous les exploitants interrogés l'estiment hors de leur portée.
3. C'est le titre d'un livre récent par Dan Morgan (1980).
4. Alain Peyrefitte (1976), p. 196 ss.
5. *Ibid.*
6. Janet Momsen (1970).
7. Alain Peyrefitte, *op. cit.*, p. 189-190.

8. Cf. Romain Paquette (1969).
9. Irene Hawkins (1976), p. 209 (trad. de l'auteur).
10. Cf. Gilbert Numa (1972) p. 393 ss.
11. RGA 1973, lots de *Réforme foncière*, 1976.
12. L'étude de Marie-Galante réalisée par Carole Jutras a été le sujet de son mémoire de baccalauréat (cf. Carole Jutras, 1976).
13. *Recensement général de l'agriculture (1973), DOM, Guadeloupe*, juillet 1976. La méthodologie employée dans ce tableau est identique à celle qui a servi à l'étude du RGA de la Martinique (cf. R. Paquette, 1978).
14. Cf. C. Jutras (1976), p. 29-30.
15. *Ibid.*, p. 60-61.
16. *Ibid.*
17. *Ibid.*, p. 29.
18. Voir Annexe B pour exemples d'utilisations réelle et idéale des sols à Marie-Galante.
19. Cette différence reste non significative sur le plan statistique, étant donné la faiblesse de l'échantillon. Pour comprendre cette faiblesse, voir chap. 4, note 14. Et pour comprendre le faible pourcentage de répondants qui ont déclaré l'utilisation qu'ils feraient de leur sol s'ils avaient un meilleur contrôle de leur environnement, voir chap. 4, note 22. Il appert que Carole Jutras a mieux réussi à Marie-Galante que les autres enquêteurs québécois en Martinique.
20. C. Jutras (1976), p. 100.
21. *Ibid.*, p. 68 et 107.
22. *Ibid.*, p. 60.
23. *Ibid.*, p. 107-108.
24. *Ibid.*
25. *Ibid.*
26. *Ibid.*, p. 89.
27. *Ibid.*
28. *Ibid.*, p. 105.
29. *Ibid.*, p. 100.
30. *Ibid.*
31. *Ibid.*, p. 94.
32. *Ibid.*, p. 100.
33. *Ibid.*, p. 94.
34. *Ibid.*
35. *Ibid.*
36. *Ibid.*, p. 104.
37. *Ibid.*, p. 62.
38. Numa, p. 417. Ce délai peut toutefois paraître court par comparaison avec ceux qui menacent les réformes agraires de certains pays d'Amérique latine (cf. E. H. et C. Jacoby, 1971, p. 172).
39. Le sens donné à cette expression a été défini dans un article récent de l'auteur (cf. R. Paquette, 1978).

Chapitre dixième

1. Hawkins (1976), tableau 4, p. 34.
2. Voir chap. 2, tableau 1.
3. C. C. Skeete (1930).
4. Halcrow et Cave (1947).

5. David M. Brack (1964) ; Janet D. Henshall (1964) ; J. Donahue (1965). John Peter Mbogua (1961) ; Eleanor Spence (1964).

6. Le mot « paysan » est ici utilisé parce que les chercheurs y recourent couramment en Barbade pour désigner le petit exploitant agricole (cf. notes 3, 4 et 5 ci-haut). Il renvoie aux exploitants qui cultivent moins de 10 acres de terre : c'est la définition mise de l'avant au moment de la création de la Banque de prêts aux paysans (cf. Brack, *op. cit.*, p. 2-3).

7. Brack, *op. cit.*, p. 22.

8. Cf. Carte d'Anderson dans Brack.

9. Brack, *op. cit.*, p. 33-39.

10. Brack, *op. cit.*, p. 35.

11. Donohue, *op. cit.*, p. 86.

12. K. A. Ingersent, A. H. Brathwaite et J. O. J. Nurse (1969).

13. James O. H. Nurse (1970), trad. de l'auteur.

14. *Ibid.*

15. Henshall, *op. cit.*, p. 79.

16. Ingersent et coll., *op. cit.*, p. 1.

17. Nurse, *op. cit.*, p. 89.

18. *Ibid.*, trad. de l'auteur.

19. Ingersent et coll., *op. cit.*, p. 128.

20. Nurse, *op. cit.*, p. 89-92.

21. Henshall, *op. cit.*, p. 63.

22. *Ibid.*, trad. de l'auteur.

23. Nurse, *op. cit.*, p. 90.

24. Erich H. Jacoby and Charlotte F. Jacoby (1971), p. 175.

25. Janet D. Monsen, 5-11 avril 1970, p. 78-84.

26. David Grigg (1970), p. 114, trad. de l'auteur.

27. Erich H. Jacoby (1971), p. 176.

28. Grigg, *op. cit.*, p. 103.

29. Erich H. et C. Jacoby, *op. cit.*, p. 176, en note infrapaginale.

Chapitre onzième

1. Downs et Stea (1981), p. 170. Ces auteurs avancent même l'hypothèse que l'apprentissage de l'environnement est le « prototype de toutes les autres formes d'apprentissage » (cf. p. 189).

2. Erspicium (1978), tout l'article.

3. Cf. Susan George (1977), p. 105 et Christian Girault (1979), p. 381.

4. Susan George, *ibid.*, p. 106, trad. de l'auteur.

5. Cf. chap. premier.

6. Provent et De Ravignan (1977), p. 101.

7. Susan George, *op. cit.*, p. 105-111.

8. Susan George, *ibid.*, p. 109, trad. de l'auteur.

9. Voir Zandstra, Zwanberg et Zulberti (1976) et *LAWG Letter*, vol. VI, n° 2, septembre 1979, p. 6-13.

10. *LAWG Letter*, vol. VI, n° 2, septembre 1979, p. 10, trad. de l'auteur.

11. Une critique semblable a d'ailleurs été déjà formulée par Georges Létourneau (1972), p. 318-319.

12. Cette politique d'indemnité viagère de départ a ses origines dans le Plan Mansholt (cf. E. F. Schumacher, 1978, p. 111).

13. Susan George (1977), p. 108 ss. ; E. F. Schumacher (1978), tout l'ouvrage.

14. E. F. Schumacher (1978), p. 103-119.
15. *SDAR*, p. 18.
16. Provent et De Ravignan, p. 97.
17. Moore Lappé et Collins (1977), chap. 46, p. 481-498.
18. *Cajanus*, vol. 10, n° 1, 1977, p. 66-69.
19. *Ibid.*, vol. 10, n° 2, 1977, p. 119-120.
20. Grant (1975), p. 255, trad. de l'auteur.
21. *Ibid.*
22. Erspicum (1972), p. 100.
23. La Martinique est soumise présentement au même déterminisme économique que Cuba : « Exporter pour importer, telle est la contrariété fondamentale de son économie », a pu écrire Claude Auroi de Cuba. Et il continuait : « N'ayant pas d'industrie de base son développement agricole est tributaire de l'importation de biens de capitaux. C'est une économie ouverte par nécessité » (Auroi, 1975, p. 12).
24. Brown et Eckholm (1974), p. 229.
25. Cf. Provent et De Ravignan, *op. cit.*, tout le travail.
26. Provent et De Ravignan, *op. cit.*, p. 96.

Annexes

A

Questionnaire et Test d'attitude

Préambule : La présente recherche ne porte que sur les exploitants agricoles ne disposant que de trois hectares ou moins. La cartographie de l'utilisation du sol sur l'exploitation (*i.e.* toutes les parcelles constituent l'exploitation) doit précéder l'application du présent questionnaire. Cette cartographie touche évidemment l'exploitation telle qu'observée au moment de l'enquête. Mais, elle doit être complétée par des renseignements portant sur l'utilisation du sol durant le reste de l'année en cours, l'année commençant au début de l'hivernage 76 et se terminant à la fin du carême 77. Le questionnaire qui suit vise à obtenir les informations susceptibles de permettre une analyse qui dégage des éléments d'explication des modes d'utilisation révélées par les cartes.

A. *PERCEPTION DES CONTRAINTES ESSENTIELLEMENT PHYSIQUES :*

1. Quels sont les mois de l'année qui sont les plus pluvieux ? Et les plus secs ?

2. Vos sols sont-ils excellents □, très bons □, bons □, pauvres □ ?

3. La topographie présente-t-elle des obstacles ?

B. *PERCEPTION DES CONTRAINTES VÉGÉTALES :*

4. Connaissez-vous d'autres cultures qui pourraient pousser sur vos sols, ou d'autres variétés des mêmes cultures ? Pourquoi ne les cultivez-vous pas ?

5. Avez-vous déjà essayé d'autres cultures ? Lesquelles ? Pourquoi avez-vous cessé de les cultiver ?

6. Pour chacune des cultures apparaissant sur les cartes, depuis combien d'années les cultivez-vous ?

7. Qu'est-ce qui vous a amené à cultiver chacune d'elles ?

C. *PERCEPTION DES POSSIBILITÉS D'ÉCOULEMENT :*

8. Avez-vous un surplus à écouler ? Ce surplus représente-t-il plus du quart, de la moitié, des trois quarts de votre production ?

9. Vous rendez-vous vous-même vendre ces surplus au marché ? Ou les vendez-vous à des « vendeurs » qui se chargent de les revendre ? Quel moyen de transport utilisez-vous ?

10. Vos produits se vendent-ils facilement ? Faut-il négocier pour avoir un bon prix ? Qu'est-ce qu'un bon prix ?

11. Pourriez-vous obtenir un meilleur prix en procédant autrement (*v.g.* en allant ailleurs) ? Pourquoi ne le faites-vous pas ? L'effort en vaudrait-il la peine ?

D. *PERCEPTION DE L'ENCADREMENT :*

12. Recevez-vous la visite de conseillers techniques ? Où vous adressez-vous à eux pour obtenir des renseignements pour améliorer le rendement (ou la qualité) de telle ou telle culture ?

13. Quand vous avez besoin de crédit pour telle ou telle culture, vous est-il possible de l'obtenir facilement ? Où ? Comment ? À quel prix ?

14. Faites-vous partie d'une coopérative ? Quelle aide en recevez-vous ?

E. *PERCEPTION DES RENDEMENTS :*

14. Pour chacune des cultures, en quelle année ça vous a le moins payé ?

15. Pour chacune des cultures, en quelle année ça vous a le plus rapporté ?

16. Est-ce que ça été mieux durant l'année qui se termine que durant l'année d'avant (*i.e.* hivernage 75 et carême 76) ?

17. À quoi attribuez-vous ces fluctuations ?

F. *PERCEPTION DE LA DISPONIBILITÉ DE MAIN-D'ŒUVRE*

18. Quels sont les gens qui travaillent avec vous sur votre exploitation ?

19. Êtes-vous obligé d'embaucher des gens ? À quel moment de l'année ?

20. Pouvez-vous trouver de l'aide facilement ?

21. En avez-vous les moyens ?

G. *PERCEPTION DES PERSPECTIVES D'AVENIR :*

22. Qu'est-ce que vous vous proposez de cultiver durant l'année qui s'en vient ?

23. Avez-vous l'intention de continuer à faire ce travail pendant longtemps ?

24. Comment entrevoyez-vous ce qui arrivera à vos parcelles quand vous cesserez de les cultiver vous-même ?

H. *PERCEPTION DE LA SUFFISANCE OU DE L'INSUFFISANCE DES REVENUS :*

25. Occupez-vous un autre emploi à un moment ou l'autre de l'année ?

26. Si oui, quel est-il ? Quel en est le lieu ? Pendant combien de jours, de semaines, ou de mois êtes-vous ainsi occupé ? Quelle en est l'importance dans votre revenu global (le quart, la moitié, les trois quarts) ?

27. Recevez-vous des sécurités sociales ? Lesquelles ?

28. Recevez-vous de l'aide de l'un ou l'autre des membres de votre famille ?

I. *PERCEPTION DES SOLLICITATIONS DE CONSOMMATION :*

29. Fréquence des voyages à Fort-de-France et au bourg ; nature des biens achetés ?

30. Électricité ? Eau courante ?

31. Possession d'un appareil de radio ? d'une T.V. ? autres appareils de prestige ? Auto ?

32. Quel est le prochain appareil que vous songez à acheter ? ou la prochaine grosse dépense que vous songez à faire ?

33. Qu'est-ce qui vous manque le plus... ?

J. *CARTOGRAPHIE DE L'UTILISATION IDÉALE DES SOLS :*

34. Si vous étiez sûr de tout écouler vos produits à des prix raisonnables, sûr que les intempéries ne vous causeraient aucun ennui, sûr de l'encadrement technique, des crédits et de la main-d'œuvre nécessaires, quelles seraient les cultures que vous produiriez sur chacune de vos parcelles ? (Si possible, exécutez le construit cartographique.)

K. *TEST D'ATTITUDE*

35. *Instructions préalables*

Cette question ne renvoie pas nécessairement à l'exploitation du répondant, mais plutôt à une exploitation qu'il aimerait aménager. On inscrit la réponse en attribuant une cote selon l'échelle ici présentée :

1. Très en accord (tout à fait en accord).
2. En accord.
3. Moyennement en accord.
4. Un peu en accord (ou plutôt en accord).
5. Neutre (« ne sait pas »).
6. Un peu en désaccord (ou plutôt en désaccord).
7. Moyennement en désaccord (ou pas mal en désaccord).
8. En désaccord.
9. Très en désaccord (tout à fait en désaccord).
0. Pas de réponse.

La cote 5 constitue le point neutre entre l'accord et le désaccord. Les cotes 1 et 9 désignent les extrémités de ce construit mental.

Supposons le cas d'une exploitation inférieure à trois hectares mais supérieure à un demi-hectare.

Énoncés :

a. Un petit lopin de terre rempli de toutes sortes de cultures est préférable à un autre recouvert d'une seule culture.

b. Ce qu'il y a de mieux c'est un lopin recouvert seulement d'arbres fruitiers de toutes sortes.

c. Ce qu'il y a de mieux c'est un lopin recouvert seulement d'une ou deux sortes d'arbres fruitiers.

d. Ce qu'il y a de mieux c'est un lopin recouvert d'une culture commerciale pour l'exploitation (*v.g.* canne, banane, ananas).

e. Ce qu'il y a de mieux c'est un lopin recouvert seulement de beaucoup de « gros légumes » (ou légumes-pays).

f. Ce qu'il y a de mieux c'est un lopin recouvert seulement d'un seul « gros légume » ou légume-pays.

g. Ce qu'il y a de mieux c'est un lopin recouvert seulement de « petits légumes » (ou légumes-France).

h. Ce qu'il y a de mieux c'est un lopin recouvert seulement d'un seul « petit légume » ou légume-France.

i. Ce qu'il y a de mieux c'est un petit lopin employé seulement pour l'élevage.

j. Ce qu'il y a de mieux c'est une parcelle employée en partie par de gros légumes », en partie par de « petits légumes », en partie par l'élevage et en partie par des arbres fruitiers.

B
Six exemples de cartes d'utilisation réelle et idéale du sol à Marie-Galante

Carte 14

Exploitation d'un bénéficiaire de la réforme foncière (A)

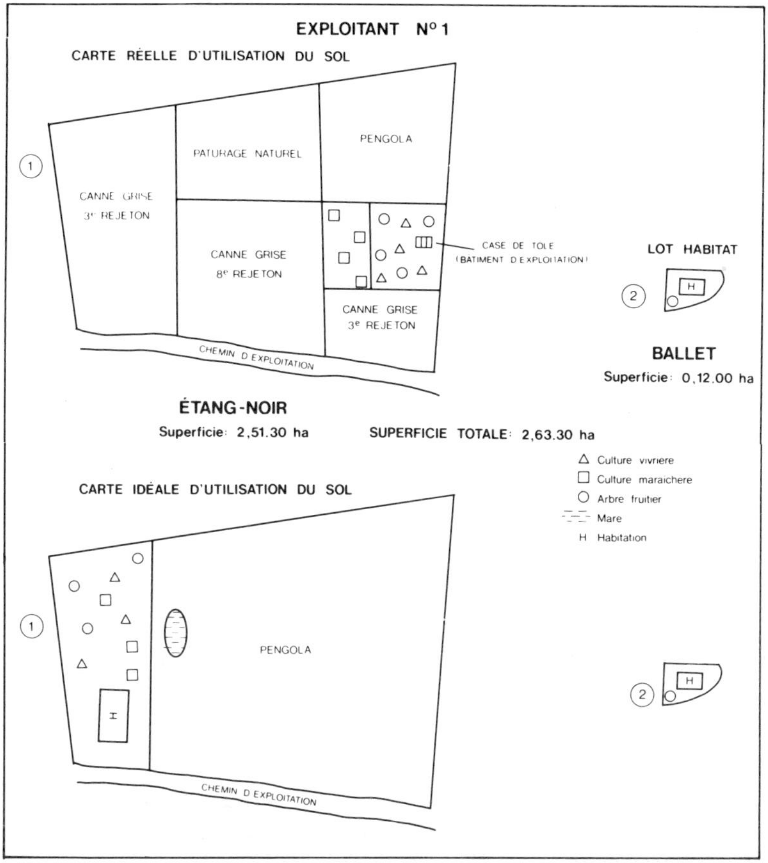

Cet exploitant a 55 ans, et seulement deux personnes vivent sur son exploitation. Il est attributaire d'un lot de réforme foncière. Il exerce un métier secondaire (maçon) de façon intermittente. Présentement*, il est obligé d'engager des aides agricoles pour effectuer la récolte de ses cannes. La carte d'utilisation idéale du sol montre qu'il désirerait se tourner vers l'élevage, tout en conservant un petit jardin pour fin d'autoconsommation. Il songe également à se faire creuser une mare afin d'éviter autant que possible d'avoir à amener ses bêtes à des points d'eau éloignés. Finalement, il émet le désir de se construire une nouvelle habitation sur son lot de réforme foncière (parcelle 1).

* *i.e.* au moment de l'enquête, soit durant l'été 1975.

Carte 15

Exploitation d'un bénéficiaire de la réforme foncière (B)

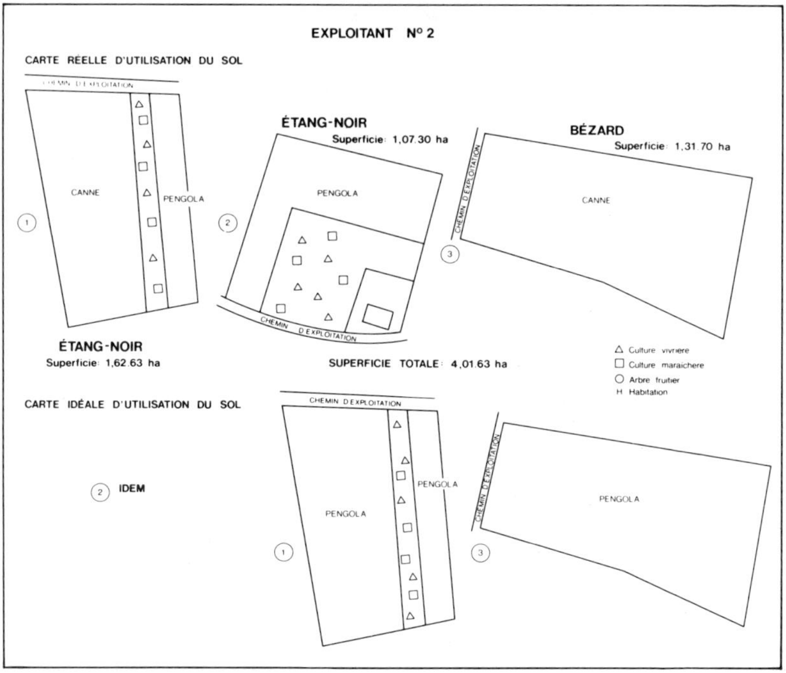

L'exploitant est âgé de 35 ans, et quatre personnes vivent sur l'exploitation. Il est attributaire d'un lot de réforme foncière. Il exerce un métier secondaire (maçon) de façon intermittente. Présentement*, il est obligé d'engager des aides agricoles pour effectuer la récolte de ses cannes. Cet exploitant désirerait se tourner vers l'élevage, car cette production demande peu de travail, ce qui libérerait son temps et lui permettrait de se consacrer plus activement à son emploi secondaire. Il aspire à devenir un important entrepreneur en maçonnerie et pense à se lancer dans la vente de parpaing et de ciment. Il envisage donc l'agriculture plus comme activité de complément que comme occupation première.

* *i.e.* au moment de l'enquête, soit durant l'été 1975.

Carte 16

Exploitation d'un bénéficiaire de la réforme foncière (C)

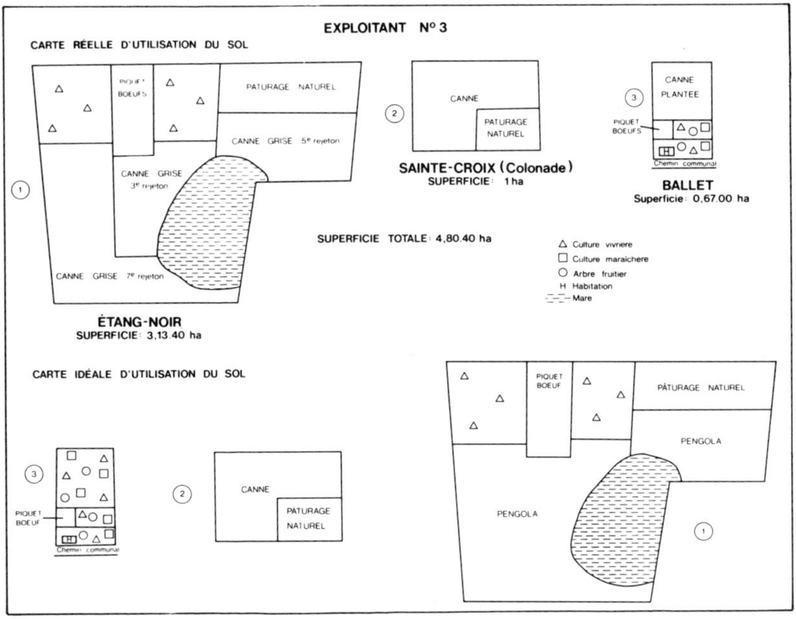

L'exploitant est âgé de 50 ans, et quatre personnes vivent sur l'exploitation. Il est attributaire d'un lot de réforme foncière. Il n'exerce pas de métier secondaire, se consacrant exclusivement à l'exploitation de ses terres. Cet exploitant désirerait se tourner vers l'élevage et les cultures vivrières et maraîchères. Il abandonnerait complètement la culture de la canne s'il en avait la possibilité. Il souligne qu'ainsi il pourrait mieux répartir son travail tout au long de l'année.

Carte 17

Exploitation d'un bénéficiaire de la réforme foncière (D)

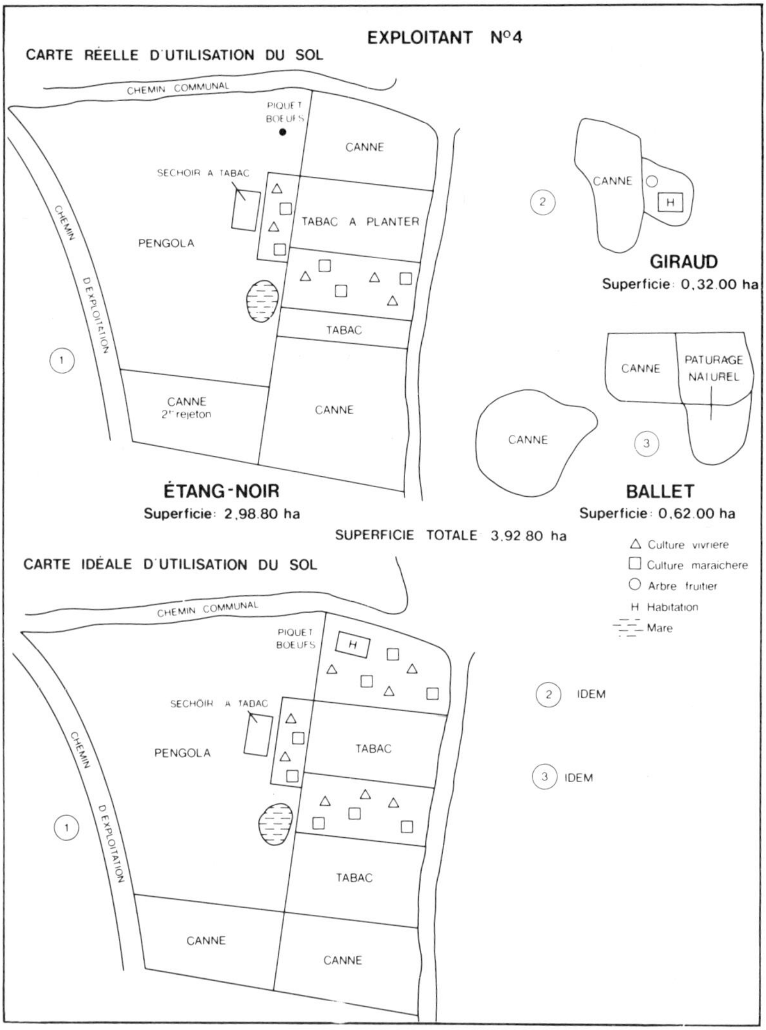

L'exploitant est âgé de 48 ans, et onze personnes vivent sur l'exploitation. Il est attributaire d'un lot de réforme foncière. Il n'exerce pas de métier secondaire, se consacrant exclusivement à l'exploitation de ses terres. Il n'entrevoit pas de grands changements, car il se dit presque arrivé à un équilibre. S'il en avait la possibilité, il diminuerait les surfaces plantées en canne et augmenterait les surfaces plantées en tabac et en cultures vivrières et maraîchères. Finalement, il désire se construire une nouvelle habitation sur son lot de réforme foncière (parcelle 1).

Carte 18

Exploitation d'un petit propriétaire (A)

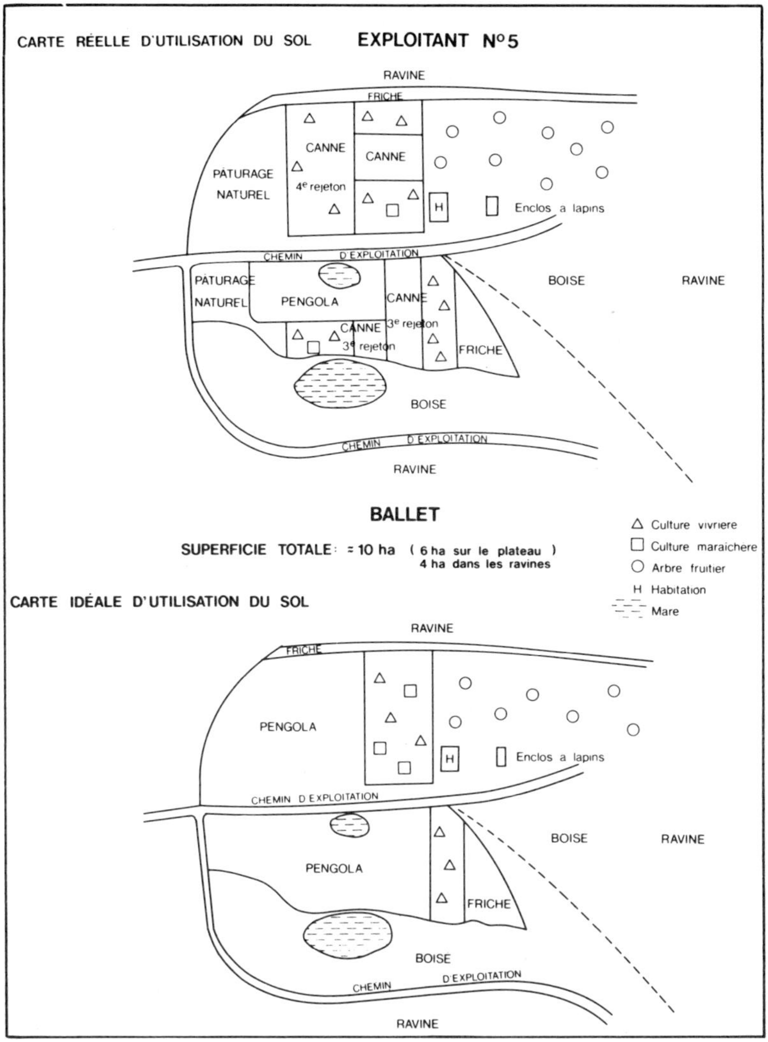

L'exploitant est âgé de 66 ans, et cinq personnes vivent sur son exploitation. Il est un petit propriétaire qui n'a pas directement été touché par la réforme foncière. Il n'exerce aucun emploi secondaire. Il opterait pour l'élevage tout en conservant une partie de ses terres aux cultures vivrières et maraîchères pour fin d'autoconsommation. Il est à remarquer qu'en plus, cet exploitant s'adonne déjà au petit élevage et qu'il aspire à augmenter également celui-ci. Cette reconversion des terres permettrait à l'exploitant de diminuer ses propres activités et de n'avoir plus à engager des aides agricoles.

Carte 19

Exploitation d'un petit propriétaire (B)

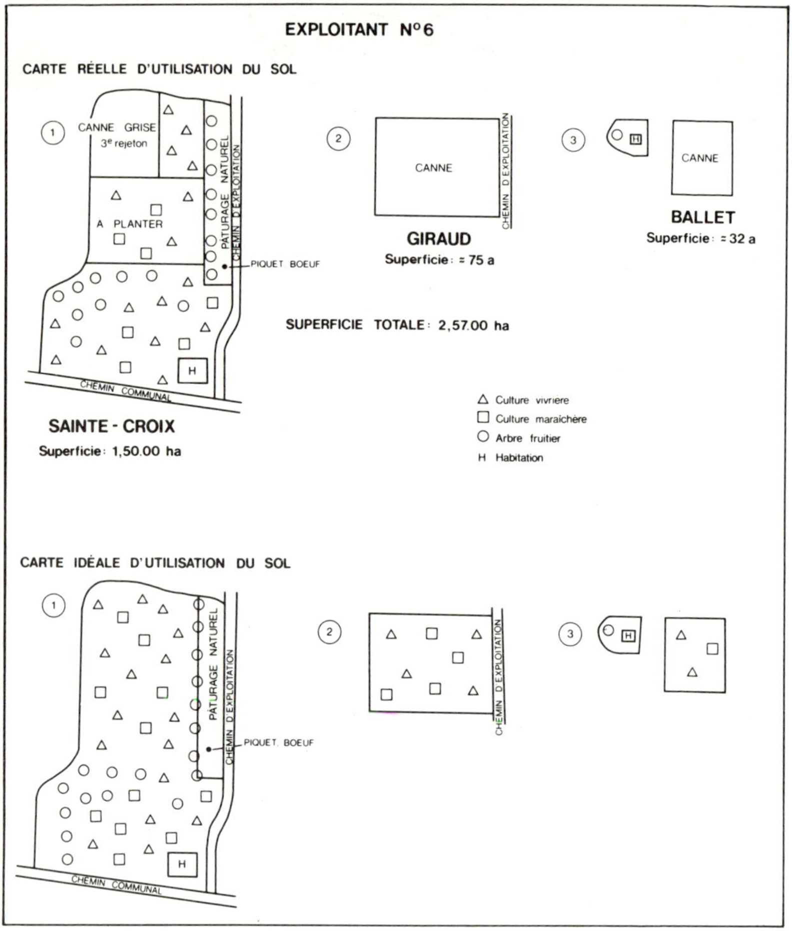

Cet exploitant est âgé de 62 ans, et trois personnes vivent sur son exploitation. Il est un petit propriétaire qui n'a pas été touché directement par la réforme foncière. Il exerce un métier secondaire (peintre). Durant la récolte de canne, il doit faire appel à des salariés agricoles. Il désirerait se tourner vers les cultures vivrières et maraîchères, car elles ne requièrent pas l'emploi de main-d'œuvre salariée, permettant une meilleure répartition dans le temps du travail à fournir. Cette production se révèle également moins fatigante pour l'exploitant qui commence à prendre de l'âge. On fait remarquer que cette production n'occasionne pas de frais de transport et s'avère finalement plus rentable.

BIBLIOGRAPHIE

1. PERCEPTION DE L'ENVIRONNEMENT

Adams, Robert L. A., « Uncertainty in Nature, Cognitive Dissonance and the Perceptual Distortion of Environmental Information : Weather Forecasts and New England Beach Trip Decision », *Economic Geography*, vol. 49, nº 4, octobre 1973, p. 287-297.

Bailly, Antoine S., *la Perception de l'espace urbain, les concepts, les méthodes d'étude, leur utilisation dans la recherche urbanistique*, Paris, Centre de recherche d'urbanisme, 1977, 256 p.

Beck, Robert J. et Denis Wood, « Cognitive Transformation from Urban Geographical Fields to Mental Maps », *Environment and Behavior*, vol. 8, nº 2, juin 1976, p. 199-236.

Downs, Roger M. et David Stea, *Image and Environment, Cognitive Mapping and Spatial Behavior*, Chicago, Aldine Publishing C., 1973, 390 p.

Downs, Roger M. et David Stea, *Essai sur la cartographie mentale. Des cartes plein la tête*, Saint-Hyacinthe, Québec, Canada, Edisen, 1981, Jean Randal trad. ; originalement publié en anglais en 1977.

Erspicum, Dominique, « Individu et réaménagement écologique », dans G. E. Bourgoignie et coll., *Perspectives en écologie humaine*, Paris VIe Éditions universitaires, « Encyclopédie universitaire », 1972, p. 71-105.

Found, William C., *A Theoretical Approach to Rural Land-use Patterns*, Toronto, Macmillan of Canada, 1971, 169 p.

Gould, Peter, « Man Against His Environment : A Game Theoretic Framework », *Annals of the Association of American Geographers*, vol. 53, 1963, p. 290-297.

Gould, Peter, *On Mental Maps*, Michigan Inter-University Community of Mathematical Geographers, Discussion Paper nº 9, 1966.

Gould, Peter et J. P. Sparks, « The Geographical Context of Human Diets in Southern Guatemala », *The Geographical Review*, 1970, p. 58-82.

Gould, Peter et R. White, *Mental Maps*, London, Pelican Books, Penguin Books, 1974, 192 p.

Hobkirk, Alan, « Eastside, Westside : Social Class Images of Vancouver », dans *Community Participation and the Spatial Order of the City*, sous la direction de David Ley, Vancouver, Tantalus Research Ltd, B. C. « Geographical Series », n° 19, p. 11-23.

Lowenthal, David et Hugh C. Prince, « The English Landscope », *Geographical Review*, 54, n° 3, 1964, p. 309-346.

Lynch, Kevin, *The Image of the City*, The M. I. T. Press, Mass., U.S.A. 1960, 181 p.

Moore, G. T. et R. G. Golledge, *Environmental Knowing, Theories, Research, and Methods*, Stroudsburg, Pen. U.S.A., Dowden, Hutchinson & Ross, Inc., 1976, 392 p.

Paquette, Romain, « L'espace vécu des Sherbrookois », dans *Sherbrooke, ses assises, sa population, sa croissance*, sous la direction de Romain Paquette, Sherbrooke, les Éditions Sherbrooke Inc., 1979, p. 113-125.

Paquette, Romain, G. Tétreault et P. Baril, « *Perception des changements dans l'environnement des résidents de la rue Portland* », *Bulletin de recherche*, n° 18, novembre 1974, Sherbrooke, Département de géographie, 51 p.

Saarinen, Thomas F., *Perception of the Drought Hazard on the Great Plains*, Chicago, University of Chicago, Department of Geography, 1966.

Saarinen, Thomas F., *Environmental Planning Perception and Behavior*, Boston, Houghton Muffin Co., 1976, 251 p.

Sonnenfeld, Joseph, « Geography, Perception and the Behavioral Environment », dans *Man, Space and Environment, Concepts in Contemporary Human Geography*, sous la direction de P. W. English et R. C. Mayfield, New York, Oxford University Press, 1972, p. 244-251.

Tuan, Yi-fu, *Topophilia a Study of Environmental Perception, Attitudes, and Values*, New Jersey, Prentice-Hall, Inc., 1974, 248 p.

Vance, James E. (Jr.), « California and the Search for the Ideal », *Annals of the Ass. of Amer. Geographers*, 62, 1972.

Wolpert, Julian, « The Decision Process in Spatial Context », *Annals of the Ass. of Amer. Geographers*, vol. 54, 1964, p. 537-558.

2. *PETITES EXPLOITATIONS AGRICOLES DANS LE TIERS MONDE*

Demenis, Hervé, *Famines et dominations en Afrique noire, paysans et éleveurs du Sahel sous le joug*, Paris, L'Harmattan, 1977, 272 p.

Dumont, René, *Paysans écrasés, terres massacrées. Équateur, Inde, Bengladesh, Thaïlande, Haute-Volta*, Paris, Robert Laffont, 1978, 352 p.

Dumont, René et M. F. Mottin, *l'Afrique étranglée*, Paris, Seuil, 1980, 262 p.

Eckholm, Erik, « Value of Small Farms », *FOCUS*, vol. 30, n° 3, janvier-février, 1980, p. 11-16.

Fabre, Renaud, *Paysans sans terre*, Paris, Dunod, « Dossier », 1978, 191 p.

Geertz, Clifford, *Agricultural Involution : The Processus of Ecological Change in Indonesia*, Berkeley, University of California Press, 1963.

Grigg, David, *The Harsh Lands. A Study in Agricultural Development*, « MacMillan, St-Martin's Press, Focal Problems in Geography Series », 1970, 281 p.

Latin American Working Group, « Trojan Horse : The « New Aid » to the Rural Poor », *LAWG LETTER*, vol. VI, n° 2, septembre 1979, le numéro au complet.

Lecain, Eleanor, « Loi du profit et exode rural aux États-Unis », *le Monde diplomatique*, mai 1980, p. 14-15.

Mendras, Henri, *Sociétés paysannes*, Paris, Armand Colin, 1976, 213 p.

Millikan, Max. F. et David Hapgood, *No Easy Harvest — The Dilemna of Agriculture in Underdeveloped Countries*, Boston, Little, Brown and Company, 1967, 175 p.

Paige, Jeffery N., *Agrarian Revolution, Social Movements and Export Agriculture in the Underdeveloped World*, New York, The Free Press Macmillan Pub., Co. Inc., 1975, 376 p.

Pimentel, David et Marcia, « Counting Kilocalories », *FOCUS*, vol. 30, n° 3, janvier-février 1980, p. 9-10.

Rogers, Everett M., « Motivation, Values, and Attitudes of Subsistence Farmers : Toward a Subculture of Peasantry », dans Wharton (édit.), *Subsistence Agriculture and Economic Development*, 1969, chap. 5, p. 111-132.

Schultz, Theodore W., *Transforming Traditional Agriculture*, New Haven and London, Yale University Press, 1964, 206 p.

Scrimshaw, Nevin S. et Lance Taylor, « Food », *Scientific American*, septembre 1980, p. 78-99.

Shajaat Ali, Abu Muhammad, *Land Resource Management in Bangladesh*, Photostated copy, 1980, 13 p.

Shajaat Ali, Abu Muhammad, *Some Aspects of Part-time Farming in Bangladesh Agriculture*, texte présenté au congrès annuel de l'Association canadienne des géographes, Montréal, UQAM, mai 26-30, 1980, 20 p.

Wharton, Clifton R. (édit.), *Subsistence Agriculture and Economic Development*, Chicago, Aldine Publishing Co., 1969, 467 p.

Wortman Sterling et Ralph W. Cummings (Jr.), *To Feed this World; « The Challenge and the Strategy »*, Baltimore and London, The John Hopking University Press, 1978, 429 p.

Zandstra, H. G. K. G. Swanberg et C. A. Zulberti, *Removing Constrainst to Small Farm Production : The Caqueza Project*, Ottawa, IDRC, 1976, 25 p.

3. *PROBLÈME ALIMENTAIRE MONDIAL*

Birou, Alain, *Forces paysannes et politiques agraires en Amérique latine*, Paris, Les Éditions ouvrières, éditions Économe et humanisme, « Développement et Civilisation », 1970, 272 p.

Borgstrom, Georg, *The Hungry Planet, The Modern World at the Edge of Famine*, New York, Collier Books, 1967, 475 p.

Brown, Lester et Erik Eckholm, « The Changing Face of Food Scarcity », dans C. Lerza et M. Jacobson, *Food for People not for Profit*. A Sourcebook on the Food Crisis, New York, Ballantine, 1975, p. 219-230. (Reprinted from *By Bread Alone*, Praeger Publisher, 1974.)

Canada Nord-Sud, 1977-1978, *l'Alimentation mondiale et le « grenier » canadien*, Ottawa, L'institut Nord-Sud, 1978, 76 p.

De Castro, Josué, *Géographie de la faim, le dilemme brésilien : pain ou acier*, Paris, Seuil, « Esprit Frontière ouverte », 1961, 308 p.

Dumont, René, *la Croissance de la famine ! Une agriculture repensée*, Paris, Seuil, 1975, 188 p.

Food Aid : Blesses are the Givers, *LAWG Letter*, vol. V, n° 6, octobre 1978, p. 3-12.

George, Susan, *How the other Half Dies : The Real Reasons for World Hunger*, Penguin Books, 1976, 298 p.

Gould, Peter R. et Jack P. Sparks, « The Geographical Context of Human Diets in Southern Guatemala », *Geog. Rev.*, 59, n° 1, 1969, p. 58-82.

Grant, James, « A New Development Strategy », dans C. Lerza et M. Jacobson, *Food for People not for Profit*. A Sourcebook on the Food Crisis, New York, Ballantine, 1975 (excerpt from *Foreign Policy 12*, 1973, National Affairs, Inc.), p. 253-259.

Herrera, Amilcar O., coll. et associés, « Alimentation », chap. 6, dans *Un monde pour tous*, Paris, PUF, « Économie en liberté », 1977, 271 p., p. 151-180.

Hightower, Jim, « The Case for the Family Farmer », *The Washington Monthly*, septembre 1973, repris dans C. Lerza et M. Jacobson (1975), p. 35-44.

Knight, C. Gregory et R. Paul Wilcox, *Triumph or Triage. The World Food Problem in Geographical Perspective*, Resource Paper n° 75-3, Commission on College Geography Publication, *A.A.A.G.*, 1976, 58 p.

Lerza, Catherine, « Emptying the Cornucopia », *The Journal of Current Social Issue*, automne 1974, reprinted in Lerza and Jacobson's Book (1975), p. 45-57.

Lerza, Catherine et Michael Jacobson, *Food for People not for Profit : A sourcebook on the Food Crisis*, New York, Ballantine Book, 1975, 427 p.

Livet, Roger, *Géographie de l'alimentation*, Paris, Les Éditions ouvrières, « Développement et civilisation », 1969, 301 p.

Mayer, John et Johanne T. Dunger (édit.), *Food and Nutrition Policy in a Changing World*, New York, Oxford University Press, 1979, 295 p.

Meadows, D. H., D. L. Meadows, J. Randers et W. W. Beherens III, *The Limits of Growth : A Report for the Club of Rome's Project on the Predicament of Mankind*, New York, Universe Books, 1972.

Moore Lappé, Frances, « The Banality of Hunger », *Harper's*, février 1975 ; reprinted dans Lerza et Jacobson, 1975, p. 230-244.

Moore Lappé, Frances et Joseph Collins, *l'Industrie de la faim par delà le mythe de la pénurie*, Montréal, Canada, L'Étincelle, 1977, 542 p. (trad. de Food First, Haughton Miffin Co., Boston, 1977).

Morgan, Dan, *les Géants du grain, une arme plus puissante que le pétrole*, Montréal, Québec-Amérique, 1980, 297 p.

Pereira de Tueiros, Mlle Maria Isaura (rapporteur), *Colloque sur les problèmes agraires des Amériques latines*, Paris, CNRS, 1965.

Provent, A. et F. De Ravignan, *le Nouvel Ordre de la faim. Révolution paysanne*, Paris, Seuil, 1977, 132 p.

Pyke, Magnus, *Success in Nutrition*, London, John Murray, 1975, 201 p.

Rullière, Gilbert, « La réforme agraire, grand défi du xxe siècle », *Civilisation*, 16, 1966, p. 442-455.

Trojan Horse, « The « New Aid » to the Rural Poor », *LAWG Letter*, vol. VI, n° 2, septembre 1979, p. 3-14.

Uri, Pierre et Renaud Fabre, *Aider le Tiers Monde à se nourrir lui-même*, Paris, Economica, 1981, 188 p.

4. LES ANTILLES EN GÉNÉRAL

Auroi, Claude, *la Nouvelle Agriculture cubaine*, Paris, Anthropos, 1975, 232 p.

Bodenstedt, Andreas A, « The Attitude of Smallholding Farmers in the Developing Countries to Cooperation », *Applied Sciences and Development*. A biannual Collection of Recent German Contribution Concerning Development through Applied Science, vol. 5, A Series issued by the Institute for Scientific Cooperation, 1975, p. 116-123.

Brack, David M., *Peasant Agriculture in Barbados : A Case Study of a Rural System*, thèse de maîtrise, Montréal, Université McGill, 1964, 135 p.

Brierley, John, *Small Farming in Grenada, West Indies*, Manitoba Geographical Studies 4, Winnipeg, Canada, Departement de géographie, Université du Manitoba, 1974, 288 p.

CAJANUS, « Barbados Bans some Food Imports », *CAJANUS, The Caribbean Food and Nutrition Institute Bi-monthly*, vol. 10, n° 3, 1977, p. 172 (reprinted from *The Daily Cleaner*, Jamaica, 24 janvier 1977).

CAJANUS, « CARDI to Study « Milpa » System — Higher Yields for the Milpero », *CAJANUS, The Caribbean Food and Nutrition Institute Bi-monthly*, vol. 10, n° 1, 1977, p. 66-69 (reprinted from *The Nero Belize*, septembre 1976).

CAJANUS, « Guyana now Grows all its Basic Foods », *CAJANUS, The Caribbean Food and Nutrition Institute Bi-monthly*, vol. 10, n° 2, 1977, p. 119-120 (reprinted from *The Daily Gleaner*, Jamaica, 11 janvier 1977).

Donohue, J., *Markets and Marketing in Barbados*, Montréal, Université McGill, Département de géographie, thèse de maîtrise, 1965, 137 p.

Floyd, Barry, *Problems in the Modernization of Small Scale Agriculture in Underdeveloped Tropical Countries. A Case Study from the Caribbean (Trinidad and Tobago)*, Paper presented at IGU Commission Meeting K19, Rural Settlement in Developing Countries, Tashkent, URSS, 1976, 29 p.

Gagnon, Gabriel, *Coopératives ou autogestion, Sénégal, Cuba, Tunisie*, Montréal, Les Presses de l'Université de Montréal, 1976, 469 p.

Girault, Christian A., *Habitants, spéculateurs et exportateurs. Le commerce du café en Haïti*, thèse de Ph. D., Montréal, Département de géographie, Université McGill, 1979.

Halcrow, M et J. M. Cave, *Peasant Agriculture in Barbados*, Department of Science and Agriculture, Bulletin n° 11, octobre 1947.

Hawkins, Irene, *The Changing Face of the Caribbean*, Barbados, Cedar Press Production, 1976, 237 p.

Helly, Denise, « Petits planteurs de la Réunion. Étude des bilans d'exploitation, Saint-Denis, Fondation pour la recherche et le développement dans l'océan Indien », *Documents et recherches*, n° 3, 1975, 150 p. Document *CENADDOM* n° 2091.

Henshall-Mamsen, Janet D., *The Spatial Structure of Barbadian Peasant Agriculture*, thèse de maîtrise, Département de géographie, Université McGill, 1964, 115 p.

Horowitz, M., « A Typology of Rural Community Forms in the Carribbean », *Ant. Quarterly*, 1960 (33), p. 177-187.

Ingersent, K. A., A. H. Brathwaite et J. O. J. Nurse, *Vegetable Production in Barbados. An Economic Survey*, Barbados, Bulletin n° 3, ministère de l'Agriculture, Science et Technologie, décembre 1969, 133 p.

Innis, Donald Q., « The Future of Traditional Agriculture », *FOCUS*, vol. 30, n° 3, janvier-février 1980, p. 1-8.

Larose, Serge et Marion Léopold, « La crise agro-alimentaire haïtienne », *Collectif paroles*, n° 4, mars 1980, p. 15 et 18-22.

Léopold, Marion, « Les éléments de la crise », *Collectif paroles*, n° 4, mars 1980, p. 15-18.

Madian-Salagnac (Centre de) et coll., *Fonctionnement des systèmes de culture et valorisation du milieu. L'agriculture traditionnelle en Haïti*, texte polycopié, octobre 1978, 43 p.

Mbogua, John Peter, *Peasant Agriculture in Barbados. A Sample Study*, Montréal, Université McGill, thèse de maîtrise 1961, 148 p.

McIntosh, Curtis E. et Michael Lim Choy, *The Performance of Selected Agricultural Marketing Agencies*, Occasional Series, n° 11, U. W. I., St-Augustine, Department of agricultural economics of Farm Management, 1975, 102 p.

Moral, Paul, *le Paysan haïtien (Étude sur la vie rurale en Haïti)*, Les éditions Fardin, 1978, 347 p. (reproduction de l'ouvrage publié en 1961 par G.P. Maisonneuve & Larose à Paris).

Norton, A. V. et G. E. Cumper, « Peasant, Plantations and Urban Communities in Rural Jamaica ; A Test of the Validity of the Classification », *S.E.S.*, 15, n° 4, 1966, p. 338-352.

Nurse, James O. J., « Small Scale Farming in Barbados », *Proceedings of the Fifth West Indian Agricultural Economics Conference*, Dominica, Roseau, 5-11 avril, 1970, p. 85-103.

Pagney, Pierre, *le Climat des Antilles*, Paris, Institut des hautes Études de l'Amérique latine, 1966, 2 vol.

Paquette, Romain, *Lot Cultivation. Its Role in Adjustment to Tropical Urban Life. A Case Study: Mackenzie, Guyana*, thèse de Ph. D. soumise au Département de géographie de l'Université McGill, juillet 1968, 281 p.

Paquette, Romain, « Divergences de politique en matière d'habitation populaire dans les villes antillaises : une ville française et une ville anglaise », *Revue de géographie de Montréal*, 13, 1969, p. 123-135.

Power, J. et A.-M. Holenstein, *World of Hunger, A Strategy of Survival*, London, Temple Smith, 1976, 191 p.

Skeete, C. C., *The Condition of Peasant Agriculture in Barbados*, Barbados, Département de science et agriculture, 1930.

Spence, Eleanor, *Marketing Activities and Household Activities of Country Hawkers in Barbados*, thèse de maîtrise en sociologie et anthropologie, Montréal, Université McGill, 1964, 116 p.

5. *LES ANTILLES FRANÇAISES*

Armet, Auguste, *les Problèmes de l'émigration antillaise*, texte ronéotypé, vers 1966, 123 p.

Balcet, Jean-Claude, *Étude des possibilités d'exportation sur le marché métropolitain de fruits et légumes frais des Antilles françaises*, Paris, SATEC, janvier 1975, 75 p., annexes p. 76-132.

Jean-Claude Balcet, *Etudes des possibilités d'exportation sur le marché métropolitain de fruits et légumes frais des Antilles françaises*, Paris, Société d'aide technique et de coopération : (SATEC), janvier 1975, 136 p., doc. *CENAD-DOM* n° 1962.

Benoist, Jean, *l'Archipel inachevé. Culture et société aux Antilles françaises*, Montréal, Presses de l'Université de Montréal, 1972, 356 p.

Bouckson, G et B. Édouard, *les Antilles en question, assimilation et conflits de culture dans les DOM*, Fort-de-France et Pointe-à-Pitre, Diffusion Desormeaux, 1972, 251 p.

Combes, M., Ch. Félicité et coll., *la Traite silencieuse. Les émigrés des DOM*, 1 DOC — France, Paris, L'Harmattan 1975, 145 p.

Commissariat général du Plan, *Préparation du VIe Plan, 1971-1975, Rapport de la Commission centrale des départements d'outre-mer*, Paris, La Documentation française, 1972, 508 p.

Crépeau, Pierre, *Classifications raciales populaires et métissage : essai d'anthropologie cognitive*, Martinique, Centre de recherches Caraïbes, 1973, 41 p.

Dessarre, Ève, *Cauchemar antillais*, Paris, Maspero, « Cahiers libres 67 », 1965, 162 p.

En Collaboration, « Les Antilles avant qu'il soit trop tard », *Esprit*, avril 1962, 79 p.

Jutras, Carole, *Adaptation du petit paysannat marie-galantais à un environnement en mutation*, mémoire de baccalauréat, Sherbrooke, Département de géographie, Université de Sherbrooke, 1976, 143 p.

Lasserre, Guy, « La petite propriété des Antilles françaises dans la crise de l'économie de plantation », *Études de géographie tropicale offerte à Pierre Gourou*, p. 539-555.

Létourneau, Georges, « Régime foncier et configuration domestique. Le cas de Marie-Galante », dans *l'Archipel inachevé*, publié sous la Direction de Jean Benoist, Montréal, Les Presses de l'Université de Montréal, 1972, p. 293-319.

Mathieu, Gilbert, *les Commerces de la commune de Capesterre, Guadeloupe*, mémoire de baccalauréat, Sherbrooke, Département de géographie, Université de Sherbrooke, 1974, 31 p.

Mauvais, Georges, « Les Antilles sans tutelle », *le Devoir*, 15 juillet 1980.

Nimar, Nicole, *Propriété et exploitation de la terre en Martinique et en Guadeloupe*, thèse de doctorat, Bordeaux, Biscaye Frères, 1971, 264 p.

Numa, Gilbert, *les Chances de prospérité de l'agriculture antillaise. Étude du cas de la Guadeloupe*, thèse de doctorat de 3e cycle, Paris, Imp. mécanographique Daguerre, 1972, 518 p.

Ouensanga, Louis, *Sécurité sociale et aide sociale aux Antilles*, Les Documents du CERAG, nº 1, 1971, 115 p.

Recensement général de l'agriculture 1973, DOM, Guadeloupe, résultat provisoire, juillet 1976, DOM nº 09, République française, ministère de l'Agriculture, 143 p.

6. *MARTINIQUE*

Albertini, J. M., « La fausse croissance », *Économie et humanisme*, vol. 24, nº 163, 1965, p. 16-27, réimprimé au Centre de recherches caraïbes de l'Université de Montréal, nº 5, 1974.

Benoist, Jean, « Types de plantation et groupes sociaux à la Martinique », *Cahiers des Amériques latines*, nº 2, 1968, p. 130-159.

Bernissant, P., *Étude sur le régime agricole des Antilles françaises*, thèse pour le doctorat, Paris, M. Grand & E. Brière, Lib.-Ed., 1916, 192 p.

Bertrand-Mineau, Dorothée, *De l'habitation au quartier: étude de l'évolution d'un lotissement foncier à la Martinique*, mémoire présenté à la Faculté des études supérieures, maîtrise ès sciences en anthropologie, Montréal, Université de Montréal, 1973, 157 p.

Bertrand-Mineau, Dorothée, *Du carré d'ignames aux pelouses des villas, Morne-Vert: commune paysanne en transformation*, rapport de recherche, programme FCAC 1975, Montréal, Centre de recherches caraïbes, Université de Montréal, 1976, 65 p.

Burac, Maurice, « La campagne martiniquaise. Ses mutations actuelles », *les Cahiers du CERAG*, nº 33, 1er trimestre 1977, Centre d'études régionales Antilles-Guyane, Fort-de-France, Martinique, p. 12-24.

Champeix, M., J. Delalande, A. Fosset et M. Molle, *Rapport d'information* fait au nom de la Commission des lois constitutionnelles, de législation, du suffrage universel, du règlement et d'administration générale, à la suite de la mission effectuée du 10 au 20 février 1965 par une délégation de la Commission chargée d'étudier les conditions d'application de la réforme foncière dans les départements de la Guadeloupe et de la Martinique, n° 135, sénat, deuxième session ordinaire de 1964-1965, annexe au procès-verbal de la séance du 2 avril 1965, 104 p.

Delawarde, J.-B., *les Défricheurs et les petits colons de la Martinique au XVIIe siècle*, Paris, 1935, 177 p.

Delawarde, J.-B., *la Vie paysanne à la Martinique. Essai de géographie humaine*, Fort-de-France, Martinique, Imprimerie officielle, 1937, 197 p.

Département de la Martinique, *Ve Plan 1966-1970*, t. III, sous-Commission agriculture, pêche et forêt, miméo.

Département de la Martinique, *Compte rendu d'exécution VIe Plan de développement économique et social*, Fiches sectorielles, tranche 1975, 109 p.

Desruisseaux, Jacques, *la Structure foncière de la Martinique*, Fonds Saint-Jacques, Sainte-Marie, Martinique et Montréal, Centre de recherches Caraïbes, Université de Montréal, 1975, 45 p.

Direction départementale de l'agriculture de la Martinique, et Chambre départementale de l'agriculture de la Martinique, *Bilan et perspectives de l'agriculture martiniquaise au 1er novembre 1973*, 57 p.

Ducroquet, M. et J. Sturm, *Études des problèmes posés par la commercialisation des fruits et légumes en Martinique*, Martinique, D.D.A.M., septembre 1971 (texte ronéo.), 112 p.

Frenette, Yolande, *la Structure agricole de la Martinique, un exemple: le Morne-des-Esses*, mémoire de maîtrise, Montréal, Département d'anthropologie, Université de Montréal, 1978, 137 p.

Guinguan, J.-P., *Étude présentée devant le Comité interdépartemental pour la promotion de l'emploi au cours de la séance du 10 novembre 1976*, Fort-de-France, Martinique, copie disponible pour consultation aux bureaux de l'INSEE.

Kervegant, D., *Bulletin agricole de la Martinique*, vol. 2, juin 1936, p. 94-111.

Laberge, Daniel, *Essai de détermination du comportement, des attitudes et des perceptions d'une population en milieu rural: montagne du Vauclin, Martinique*, mémoire de baccalauréat, Sherbrooke, Département de géographie, Université de Sherbrooke, 1976, 105 p.

Livre vert de l'agriculture martiniquaise, Conférence de l'agriculture de la Martinique, 16 et 17 décembre 1976, 71 p.

Maillard, Jean-Claude, « Planche 19: Utilisation du sol IIE — Les productions agricoles destinées au marché intérieur », dans *Atlas des départements français d'outre-mer, II. La Martinique*, Bordeaux — Talence, Centre d'étude de géographie tropicale du CNRS, 1977, 37 pl.

Massé, Raymond, *Rapport sur la petite exploitation agricole aux Antilles françaises*, Subvention FCAC 75-77, copie miméo., Montréal, Centre de recherches caraïbes, Université de Montréal, 1979.

Momsen, Janet D., « Small Scale Farming in Barbados, St-Lucia and Martinique », dans *Proceedings of the Fifth West Indian Agricultural Economics Conference*, Dominica, Roseau, avril 5-11, 1970, p. 78-84.

Paquette, Romain, « Une cité planifiée et une cité spontanée (Fort-de-France, Martinique) », *Cahiers de géographie de Québec*, 29, 1969, p. 169-186.

Paquette, Romain, « La petite exploitation agricole en Martinique », *Environnement africain*, n° hors série, 1978 (Environnement Caraïbe), p. 77-93.

Paré, Richard, *Rapport sur la montagne du Vauclin*, été 1976, Montréal, Université de Montréal, photocopie, 60 p.

Piot, J., P. Guillard, L. Namy et R. Poudonson, *Rapport d'information* fait au nom de la Commission des lois constitutionnelles, de législation, du suffrage universel, du règlement et d'administration générale, à la suite de la mission effectuée du 23 janvier au 9 février 1970 par une délégation de la Commission chargée d'étudier les conditions d'application de la réforme foncière dans les départements de la Guadeloupe et de la Martinique, n° 219, sénat, seconde session ordinaire de 1970-1971, annexe au procès-verbal de la séance du 6 mai, 102 p.

Plan, *le VIIe Plan de développement économique et social à la Martinique (esquisse d'options et de priorités) réflexion collective. Les documents du CERAG*, n° 2, 1975.

Recensement général de l'agriculture, 1973, Résultats provisoires, département d'outre-mer, Martinique, novembre 1975, DOM n° 05, SCEES, ministère de l'Agriculture, 252 p.

Recensement général de l'agriculture, 1973, Lots de réforme foncière, septembre 1976.

Révert, Eugène, *la Martinique, étude géographique*, Paris VIe, Nouvelles Éditions latines, 1, rue Palatine, 1959, 505 p.

Schéma d'aménagement de la Martinique, *Agriculture et espaces naturels*, documents provisoires, fasc. 3, janvier 1976, 24 p.

Schéma départemental d'aménagement rural, DDAM, Atelier départemental d'études économiques et d'aménagement rural, *annexes*, 1977, 63 p.

Simard, Danièle, *la Micro-exploitation agricole en Martinique*, mémoire de baccalauréat, Département de géographie, Sherbrooke, Université de Sherbrooke, 1979, 62 p.

7. *DIVERS*

Broyelle, Claudie et Jacques Broyelle, *Apocalypse Mao*, Paris, Grasset, 1980, 276 p.

Cazès, G. et J. Domingo, *les Critères du sous-développement, Géopolitique du tiers monde*, Paris, Bréal, 1975, 320 p.

Guernier, Maurice, *la Dernière Chance du tiers monde*, Paris VIe, Robert Laffont, 1968, 339 p. (spéc. p. 99-108).

Guillain, Robert, *Japon, troisième grand*, Paris, Seuil, « Politique », 1969, édition refondue et mise à jour, 1972, 309 p.

Jacoby, Erich H. et Charlotte Jacoby, *Man and Land. The Fundamental Issue in Development*, André Deutsch, 1971, 391 p.

Johnson, E.-J., *The Organization of Space in Developing Countries*, Cambridge, Mass., Harward University Press, 1970, 419 p.

Peyrefitte, Alain, *le Mal français*, Paris, Plon, 1976, 493 p.

Schumacher, E. F., *Small is Beautiful, une société à la mesure de l'homme*, Paris, Seuil, « Contretemps », 1978, 307 p.

Liste des tableaux

Liste des cartes

Figure

Table des matières

Achevé d'imprimer
en octobre 1982 sur les presses
des Ateliers Graphiques Marc Veilleux Inc.
Cap-Saint-Ignace, Qué.

Le recours à la sous-production alimentaire du petit exploitant agric du tiers monde représente une stratégie d'adaptation à environnement peu stimulant, et souvent même oppressif. En géograp du comportement les études ont été effectuées en milieu urbain, sorte que l'auteur a dû repenser les techniques de perception l'environnement en fonction de la réalité complexe de la polycult et de la taille très restreinte des exploitations, qui caractéris le monde rural. Une image très positive du «paysan» du tiers mon se dégage de son étude, qui contraste avec l'image négative enc véhiculée par la société environnante. L'auteur défend la nécessité d renversement de l'image dominante du «paysan», comme préalable à toute modernisation du tiers mon

Romain Paquette est professeur au Département de géographie l'Université de Sherbroo

Collection **RECHERCHES CARAÏBES** dirigée par Jean Ben

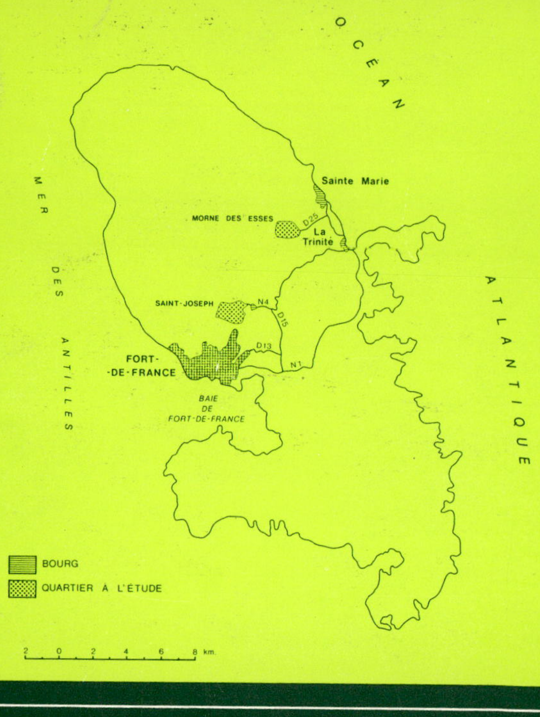

ISBN 2-7606-0567-1